ブラウザだけで学

Google
グーグル

スプレッドシート
プログラミング入門

掌田津耶乃［著］

マイナビ

ビジネスソフトも「Web」の時代！

　皆さんの中には、PCにビジネスソフトをインストールして使っている人も多いことでしょう。そんな人に、ぜひ活用してほしいのが「Googleスプレッドシート」です。

　Googleスプレッドシートは、Webで提供されるビジネスツールです。Webブラウザからアクセスすれば、いつでも利用することができます。「そんなもの、実用になるの？」と思うかもしれませんが、実際に使ってみると「PCにソフトをインストールして使う」よりも、場合によっては圧倒的に便利なことだってあるのです。

　PCにインストールして使う方式は、そのPCでしか使えません。会社の仕事を家で続けたければ、自宅のPCにも同じソフトをインストールし、データを持って帰らないといけません。使っているPCが壊れでもしたらどうすればいいでしょう？

　Webなら、アクセスすればどこにいても作業を進められます。会社でも自宅でも、またPCでなくてもタブレットでも、Webにアクセスさえできれば作業に入れるのです。またPCが壊れても、他のデバイスでアクセスすればそのまま作業を続けられます。

　「でも簡単な計算ぐらいならできても、本格的な業務の処理なんて無理でしょ？」と思った人。またはすでに使っていて、「本格的な処理は無理」と思っている人もいるかもしれません。その考えはぜひ改めてください。Googleスプレッドシートには「Google Apps Script」というプログラミング言語が組み込まれていて、それでマクロを作成し高度な処理を実現できます。この言語はスプレッドシートだけでなく、Googleが提供するさまざまなサービスに対応しているので、それらを連携した処理を作って実行することだってできるのです。

　本書では、このGoogleスプレッドシートの基本的な使い方から、Google Apps Scriptという言語の基本的な文法からプログラミングの仕方まで一通り説明します。表計算だけでなく、グラフの表示やデータ探索、GoogleフォームやGmail、カレンダーとの連携、さらには外部サイトにアクセスしてデータを取得し処理する方法など、さまざまな活用法を紹介します。

　Googleスプレッドシートを、単なる表計算ソフトと考えているなら、きっと目からウロコが何枚も剥がれ落ちることでしょう。Google Apps Scriptを使いこなして、あなたの業務や学習にGoogleスプレッドシートをフル活用しましょう！

2021.04　掌田津耶乃

Contents

Chapter **1**

Googleスプレッドシート の基本

この章のポイント
- Googleスプレッドシートのファイルの作り方を 覚えよう
- セルの入力と基本的な操作を行えるようになろう
- 入力データからグラフを作ってみよう

01 Googleのビジネススイート

　「仕事で使うソフト」といえば、真っ先に思い浮かぶのが「エクセル」でしょう。日常の業務にエクセルを活用している人はおそらく大勢いることと思います。が、「エクセルでないとできない業務」を行っている人というのは、実はそれほど多くないかもしれません。

　エクセルは、「表計算」ソフトと呼ばれるものです。英語で「スプレッドシート」という呼び方もしますね。縦横にセルが並んだ表のようなシートにデータを入力していき、データを整理したりグラフを作ったりできるソフトですね。

　この表計算を行えるソフトは、実はエクセルだけではありません。その他にもいろいろなソフトがあります。そして、皆さんがエクセルで行っている仕事のおそらく大半は、エクセル以外の表計算ソフトでも行うことができるのです。

　表計算ソフトは、基本的な使い方や用意されている機能はだいたい同じです。また、たいていのソフトはデータを一般的なフォーマットで保存したり、あるいはエクセルのフォーマットのファイルを直接読み書きする機能が用意されていますので、エクセルから他の表計算ソフトに移るのも意外と簡単だったりするのです。

　表計算ソフトはいくつもありますが、そうした中で、最近、さらに注目度が高まってきているのが「Googleスプレッドシート」です。

⚬ Googleスプレッドシートは「ソフト」じゃない！

　「Googleがそんなソフトを販売しているのか？」なんて思った人。いいえ、違いますよ。Googleスプレッドシートは、ソフトではありません。これは「Webアプリ」です。Webブラウザでアクセスして利用する、Webで作られたアプリケーションなのです。GmailやGoogleマップなどと同じようなものと考えればいいでしょう。

　エクセルが「マイクロソフトオフィス」というオフィススイート（オフィス関連のソフトをまとめたパック）として提供されているのと同様に、Googleではビジネスで使えるWebサービスをまとめたものを「Google Workspace（旧称G-Suite）」として提供しています。その中で、表計算、ワープロ、プレゼンツールなどといったものもすべてWebベースで用意されているのです。これらはすべてGoogle Workspaceの利用者でなくとも、誰でも無料で利用することができます。Googleスプレッドシートも、この中の一つのサービスなのです。

いつでもどこでも使える！

パソコン用のエクセルは、パソコンにインストールして使います。インストールしてない別のパソコンでは使うことはできません。またタブレットやスマホで使おうと思えば、それらにもアプリをインストールしないといけません。

ところがGoogleスプレッドシートは違います。Webブラウザさえあれば、どこでも利用できるのです。最近になって急速にリモートワークが広まっていますが、こうした利用にGoogleスプレッドシートはまさにうってつけです。

また文科省が推進するコンピュータ教育のための「GIGAスクール構想」の影響で、学校教育の現場を中心にChromebookが急速に広まりつつあります。企業でもChromebookを採用するところは着実に増えてきています（2020年、Chromebookの販売数は前年比10倍以上の157万台を記録しました）。Chromebookでは、オフィススィートとしてGoogleスプレッドシートを使うため、Chromebookの浸透とともにGoogleスプレッドシートの利用者も着実に増加しています。

実は本格的な処理も作れる

エクセルがこれだけ広く使われるようになった背景には、「本格的な処理をプログラミングで作れるマクロ機能」にある、といっても過言ではないでしょう。エクセルでは本格的なプログラミング言語を使って様々な処理を自動化できます。それぞれの企業に特化したシステムをエクセルで開発しているところもたくさんあるほどです。

こうした「プログラムが組める表計算ソフト」は、実はエクセルに限ったものではありません。Googleスプレッドシートにも、こうしたマクロ機能は備わっています。「Google Apps Script」という開発言語が用意されており、これでGoogleスプレッドシートの操作や処理を自動化できます。

このGoogle Apps Scriptは、Googleスプレッドシートだけでなく、その他のGoogleのサービス（GmailやGoogleカレンダー、Googleドキュメントなど）でもサポートされています。そしてGoogle Apps Scriptでプログラムを作ることで、それらGoogleサービスを統合した処理を作れるようになっているのです。「Googleのサービスをすべてまとめて自動化できる」というのは、すでに多くのGoogleサービスを利用しているなら、想像できないほどに強力なことが想像できるでしょう。

02 Googleスプレッドシートを使おう

では、実際にGoogleスプレッドシートを使ってみましょう。Googleスプレッドシートはwebアプリですから、Webブラウザからアクセスするだけで利用できます。もしPCにGoogle Chromeが入っていなかったら、先にhttps://www.google.com/intl/ja_jp/chrome/ からインストールしておきます。また、Googleのアカウントも、P.005を参考に作成しておいてください。

準備が整ったら、以下のアドレスにアクセスしましょう。

https://docs.google.com/spreadsheets/

これがGoogleスプレッドシートのサイトです。ここで新しいスプレッドシートを作成したり、すでに作成してあるスプレッドシートを開いて編集したりできます。このページの「新しいスプレッドシートを作成」というところにある「空白」という表示をクリックしてください。これで新しいスプレッドシートが開かれます。

図 1-2-1　Google スプレッドシートのサイト。「空白」をクリックしてスプレッドシートを作る

🔅 Googleドライブから利用する

Google関係のサービスを利用している人の中には、Googleドライブでファイルを保管している人も多いことでしょう。GoogleスプレッドシートはGoogleドライブから利用することもできます。以下のアドレスにアクセスするとGoogleドライブのサイトが表示されます。

https://drive.google.com

Googleドライブでは、Googleのオフィススィートのファイルを作成できます。左上にある「新規」という表示をクリックするとメニューが現れるので、ここから「Googleスプレッドシート」という項目を選んでください。これで新しいGoogleスプレッドシートのファイルが作成されます。

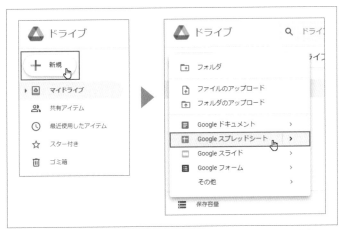

図 1-2-2　Google ドライブの「新規」から Google スプレッドシートのファイルを作成できる

Googleアカウントを持っていなかったら

https://docs.google.com/spreadsheets/ にアクセスしたとき、Googleのアカウントを持っていない、またはアカウントでログインしていないときには**図1-2-3**のような画面が表示されます。

アカウントを持っている場合は、ここでログインしてください。もしアカウントを持っていない場合は、「アカウントを作成」のリンクをクリックして、アカウントを作成してからスプレッドシートを利用してください。

図 1-2-3　Google アカウントのログイン画面

03 スプレッドシートの基本を覚えよう

新たに開かれたGoogleスプレッドシートでファイルが開かれたところが**図1-3-1**です。Googleスプレッドシートは、データを入力する部分の他に様々な要素が表示されています。

簡単に整理しておきましょう。すべての使い方を今すぐ覚える必要はありません。どんなものが揃っているのか、ざっと目を通しておけば十分です。

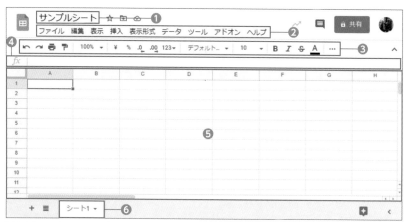

図 1-3-1　スプレッドシート全体

❶ファイル名

一番上に「サンプルシート」と表示されているテキストがファイル名になります。初期状態では「無題のスプレッドシート」と表示されていますが、この部分をクリックしてファイル名を変更できます。

ここでは「サンプルシート」という名前にしておきましょう。テキスト部分をクリックしてファイル名をつけると、右側にファイルの移動やステータスなどのアイコンが表示されます。

図 1-3-2
ファイル名部分をクリックして名前を変更する

❷メニューバー

ファイル名の下には「ファイル」「編集」といったメニューが並びます。Googleスプレッドシートの主な機能はこのメニューにまとめられています。

❸ツールバー

メニューバーの下には、アイコンが横一列に並んでいます。これは、よく使われる機能を呼び出すためのものです。各アイコンの機能は知らなくともGoogleスプレッドシートは使えますが、覚えておくとより快適に操作できます。

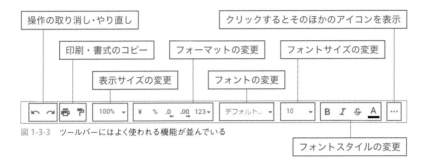

図1-3-3　ツールバーにはよく使われる機能が並んでいる

❹数式バー

シートに並ぶ「セル」（1つ1つの値を記入する欄）に設定される値を編集するところです。数値などの値だけでなく、さまざまな関数などを入力できます。

❺シート

画面の中央に広がる縦横の線が表示されているエリアが「シート」です。シートは、スプレッドシートの実際にデータなどを入力するところです。シートは、「セル」と呼ばれる値を記入する欄が縦横に並んだ形をしています。このセルをクリックしてキータイプすると値が入力されます。

❻切り替えタブ

シートの下部には「シート1」と表示されたタブがあります。スプレッドシートでは、シートを何枚も用意することができます。それらは、このシート下部に切り替えタブとして表示されます。また、ここにある「＋」アイコンから新しいシートを作成できます。

図1-3-4
「＋」をクリックしてシートを追加できる

04 セルの基本操作

　スプレッドシート利用の基本は、「セルの入力」です。シートには、小さな横長の長方形が縦横にずらりと並んでいますね？　これが「セル」です。

　シートの上部と左側には、それぞれ「A」「B」「C」や「1」「2」「3」といったラベルが並んでいます。各セルは、この2つのラベルを組み合わせた名前がつけられています。例えば、一番左上のセルは、「A」列の「1」行目ですから「A1」セルという名前になります。

　では、「A1」セルをクリックしてください。そのまま「支店」と入力しましょう。セルにテキストが表示されます。セルに値を入力すると、シートの上にある数式バーにも同じテキストが表示されます。こちらをクリックしてセルに値を入力することもできます。

図 1-4-1
A1 セルを選択し、「支店」
と入力する

💡 セルの選択

　セルは、このようにクリックして選択し、入力を行います。セルは1つだけでなく、複数のセルを同時に選択することもできます。この場合は、選択したい範囲をマウスでドラッグすることで、その領域内にあるセルをすべて選択することができます。この他、以下のような操作が可能です。

選択方法	選択される範囲
[shift] キー＋クリック	現在選択されているセルと [shift] キー＋クリックしたセルの範囲をまとめて選択できます
[ctrl] キー＋クリック	そのセルの選択状態を ON/OFF します

💡 セル値の移動

　セルを選択し、その選択領域の枠線部分をマウスでドラッグすると、セルに入力されている値を移動することができます。移動先のセルに値があった場合は上書きされるので注意しましょう。

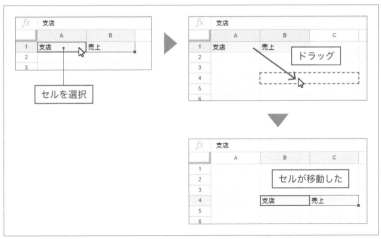

図 1-4-2　選択したセルの枠線をドラッグすると、セルの値を移動できる

⛯ セル値のコピー

　セルが選択されると、そのセル部分に枠線が表示されます。この右下の角に ■ マークが表示され、この部分をドラッグすることで選択範囲を変えることもできます。
　このとき、選択されたセルに値が書かれていると、その値がドラッグして選択されたセルにコピーされます。同じ値を複製したいときは便利な機能です。

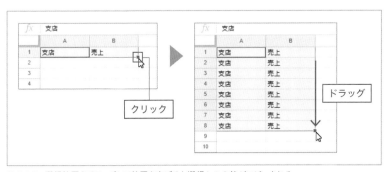

図 1-4-3　選択範囲をドラッグして範囲を広げると選択セルの値がコピーされる

💡 数字の連番表示

この「選択範囲を広げて値をコピー」は、数字の連番を振りたいときに便利です。例えば、「1」「2」と書かれているセルを選択し、右下の■をドラッグして範囲を広げると、「3」「4」「5」……というように連番で数字が振られていきます。あるいは「5」「10」と書かれたセルの場合は、「15」「20」「25」……というように5ずつ数字が振られていきます。一定数ごとに増減する番号を割り振るときに便利ですね。

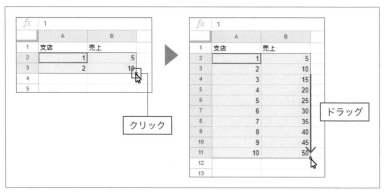

図 1-4-4　数字が割り振られた範囲を選択し、範囲を広げると連番で値が割り振られる

💡 選択セルの移動

入力作業に戻りましょう。「**A1**」セルに値を入力したら、キーボードから [tab] キーをタイプしてください。すると、右側の「**B1**」セルに選択が移動します。そのまま「売上」と入力しましょう。

選択セルは、この [tab] キーのようにキーボードを使って移動することができます。基本的な移動の仕方を覚えておきましょう。

移動方向	キー
右に移動	[tab] キーを押す
左に移動	[shift] キーを押したまま [tab] キーを押す
下に移動	[enter (return)] キーを押す
上に移動	[shift] キーを押したまま [enter (return)] キーを押す

なお、[enter (return)] による「下に移動」は、真下のセルに移動するとは限りません。例えば「**A1**」セルから入力を開始し、tabキーで「**B1**」セルに選択が移

動した状態で [enter (return)] キーを押すと、「**A2**」セルに移動します。ここでは最初に「**A1**」を選択して入力を開始しているので、[enter (return)] の際に（**B2**ではなく）最初の**A1**の下にある**A2**に選択が移ったのです。

改めて「**B1**」セルを選択して [enter (return)] キーを押すと、今度はその下の「**B2**」セルが選択されます。このように「下への移動」は、セルの入力状態によって働きが変わる、ということは知っておきましょう。

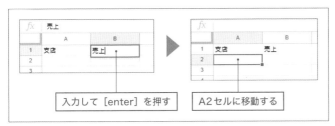

図 1-4-5　[tab] キーで **B1** セルに移動し、「売上」と入力する。さらに [enter (return)] キーを押すと **A2** に移動する

💡 データを入力しよう

では、セルの入力と移動がわかったところで、シートにデータを入力していきましょう。**A1**セルから以下のようにセルのデータを入力してください。

支店	売上
東京	12300
大阪	9870
名古屋	6540
札幌	3210

「[tab] キーで右に移動し、[enter (return)] キーで下に移動」を繰り返していけば、1行ずつデータを入力していけるでしょう。慣れると、キーボードだけでたくさんのデータをどんどん入力していけるようになりますよ。

図 1-4-6　データを入力したところ

05 セルのフォントとスタイル

1つ1つのセルに記入したテキストは、フォントの種類や大きさ、スタイルなどを変更できます。

では、A1とA2のセルを選択してください。シートでは、マウスをドラッグすることで複数セルを選択できます。A1からA2へとマウスをドラッグすると両方のセルが選択されます。

セルが選択できたら、ツールバーからフォント関連のアイコンを選択しましょう。ツールバーの中にセルのテキストを設定するアイコンが用意されています。

フォントの種類	「デフォルト」とテキストが表示されているところをクリックすると、フォントの種類がプルダウンして現れます。ここでフォントを変更できます
フォントサイズ	フォントの種類の右隣にある「10」という表示をクリックすると、フォントサイズを選ぶメニューが現れます
フォントスタイル	その右側にある3つのアイコンで、ボールド、イタリック、取り消し線を設定できます
テキスト色、背景色	その右側にある2つのアイコンをクリックすると、カラーパレットが現れ、テキスト色と背景色を設定できます

実際にこれらツールバーのアイコンを使って、フォントサイズやスタイルなどを変更してみましょう。

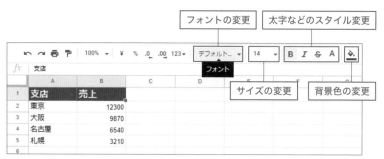

図 1-5-1　セルを選択し、ツールバーからフォント関連のアイコンを選ぶとテキストの表示を変更できる

06 セルのフォーマットと罫線

　続いて、**B**列に記入した数値の部分をマウスでドラッグして選択しましょう。そして、ツールバーにある「¥」アイコンをクリックしてみてください。すると、それまで「12300」と表示されていたものが、「¥12,300.00」と変わります。

　セルには、その値をどういう形式で表示するか（フォーマット）を指定することができます。「¥」アイコンは、金額の表示に使われるフォーマットを設定するものだったのです。ツールバーにはフォーマットに関する以下のようなアイコンが用意されています。

形式	説明
通貨表示	「¥」アイコンですね。その国や地域で使われる通貨による金額の表示フォーマットです
パーセント	その右隣にある「%」アイコンは、数値をパーセント表示として扱うものです
小数点以下の増減	そのさらに右側にある2つのアイコンは、小数点以下を1桁減らしたり増やしたりします

　通貨フォーマットに変更したあと、小数点以下を減らすアイコンを使って「¥12,300」と表示されるように調整しましょう。これでだいぶ見やすくなりますね！

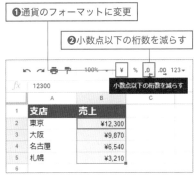

❶通貨のフォーマットに変更

❷小数点以下の桁数を減らす

図 1-6-1　セルを選択し「¥」アイコンと小数点以下を減らすアイコンでフォーマットを設定する

💡 その他のフォーマット

　さらにその右側にある「123」と表示されたアイコン（「表示形式の詳細設定」アイコン）をクリックすると、フォーマットに関するメニューがプルダウン表示されます。ここからさまざまなフォーマットを選ぶことができます。

基本的に数値の一般的なもの、通貨
（金額）、日時関係の項目が中心です。
テキストは、フォーマットを考えること
はほとんどありませんから、フォーマッ
トは「数字と日時」を表示するためのも
の、と考えていいでしょう。

図 1-6-2 「123」アイコンで表示されるフォーマット
関連のメニュー

罫線を表示する

今度は、記述したセル全体を選択してください。そして、ツールバーから「田」
のアイコンをクリックしましょう。アイコンが並んだパネルが現れます。

これは、「罫線」を設定するためのものです。罫線というのは、セルの周囲に表
示される枠線のことです。ここからアイコンを選ぶことで、選択したセルに罫線を
設定できます。

では、現れたパネルの左上にある「田」アイコンをクリックしてみましょう。す
ると、選択したセルのすべてに罫線が表示されます。パネルにあるアイコンを使う
ことで、上下左右すべての罫線を表示したり、上下左右の周辺やセルとセルの間の
罫線などを表示させることができるようになります。

パネルの右端には、罫線の色と太さ（種類）を設定するアイコンも用意されてい
ます。色の設定はカラーパレットが、太さ・種類の設定はメニューがそれぞれ現れ、
細かく色と先の太さ・種類を設定できます。

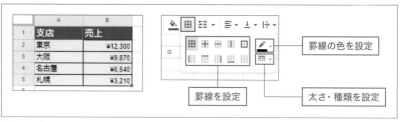

図 1-6-3 「田」アイコンをクリックし、罫線を設定する

07 合計と平均を計算しよう

セルの入力と表示の基本はだいぶわかってきましたね。ただ数字を書いて表示するだけでなく、セルではさまざまな計算を行わせることができます。

例えば、「**B6**」セル（**B**列の数値を書いたセルの下の空白セル）を選択してください。ここに合計を計算する式を書いてみましょう。

セルを選択したら、上の数式バー（「*fx*」という表示の右側にある入力フィールド）をクリックして入力できる状態にしてください。そして、「=」とタイプします。

すると、その場にチップス情報がポップアップ表示されます。そこから「SUM(B2:B5)」という項目をクリックして選択しましょう。「=SUM(B2:B5)」という式が入力されるので、そのまま [enter (return)] キーを押して値を確定します。

これで、**B6**セルに**B2**～**B5**の合計が表示されるようになります。しかも表示フォーマットは自動的に上のセルと同じ通貨のフォーマットになっています。

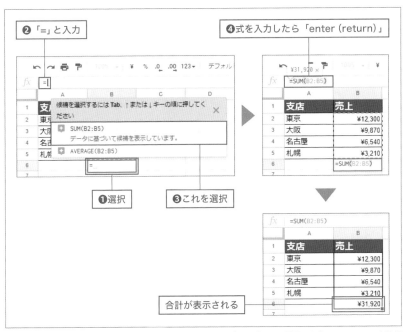

図 1-7-1　**B6** セルを選択して数式バーに「=」と入力し、ポップアップされた項目から「SUM(B2:B5)」を選択すると合計が表示される

SUMは「関数」

　ここでは「=SUM(B2:B5)」という値を設定していました。セルの値は、「=
○○」というように=記号で始まる値を指定すると、その後にある式を実行した結
果を表示するようになります。

　ここでは「SUM」という関数を使っています。これは合計を計算する関数で、以
下のように記述します。

【書式】数値の合計を計算する

```
SUM( 開始セル : 終了セル )
```

　()の中に、必要な値を用意すると、その値をもとに合計を計算します。この()
部分は「引数（ひきすう）」といいます。この()に合計を計算する最初のセルと最
後のセルの名前を指定すればいいのです。ここでは(B2:B5)となっていますから、
B2から**B5**まで（つまり**B2**, **B3**, **B4**, **B5**）のセルの合計を計算し表示していたのです
ね。

　Googleスプレッドシートには、こうした関数が多数用意されています。これらの
関数をセルに設定することで、さまざまな計算の結果を表示させることができます。

平均を計算する

　では、もう1つ関数を使ってみましょう。今度は合計を計算した下のセル（「**B7**」
セル）を選択してください。そして数式バーに「=」をタイプします。またチップス
情報がポップアップして現れるので、「AVERAGE(B2:B5)」という項目をクリック
して選択し、セルに入力します。そのまま［enter (return)］キーを押すと、**B7**セ
ルに**B2**〜**B5**までの平均が表示されます。

　ここでは「AVERAGE」という平均を計算する関数を使っています。

【書式】数値の平均を計算する

```
AVERAGE( 開始セル : 終了セル )
```

　使い方は、このようにSUMの場合と同じで、()の引数に平均を計算する範囲を
指定します。

　これで、合計と平均が計算できるようになりました。こんな具合に、よく使う関
数を少しずつ覚えていけば、複雑な計算が行えるようになっていきますね！

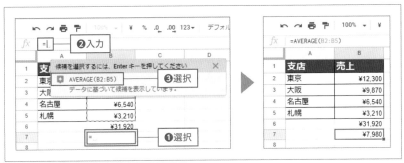

図 1-7-2　**B7** セルを選択して数式バーに「=」と入力し、「AVERAGE(B2:B5)」を選択すると平均を表示する

「関数」って、なに?

　いきなり「SUMは関数です」などと言われて「関数?　なんだっけ?」と驚いた人もいたかもしれません。関数というのは、中学の数学で習うものですが、スプレッドシートなどで使われる関数は、少し意味が違います。

　スプレッドシートにおける関数というのは、「様々な処理を行う命令のようなもの」です。何かを実行したり、計算をした結果を表示したり、そうした様々な機能を実行するのに関数は使われます。セルにイコールを付け、関数を書けば、そこに複雑な処理をした結果を表示させることができるのです。

　厳密な概念などは今ここで理解する必要はありません。「関数というものをセルに書けば、複雑なことが簡単に実現できる」ということだけ覚えておきましょう。

08 税込価格を計算しよう

　関数は使い方を覚えないといけませんが、セルで使えるのは関数だけではありません。普通の計算式もそのまま書いて実行できます。

　では、売上の値から税込価格を計算し表示させてみましょう。まず、一番上の「**B2**」セルの値から計算をします。右隣の「**C2**」セルを選択し、以下のように入力してください。

```
=B2 * 1.1
```

　そのまますべてキーボードからタイプしてもいいのですが、＝をタイプした後、「**B2**」セルをクリックすると、そのまま「=B2」と値が入力されます。セルの名前は書き間違えやすいので、計算で使うセルはクリックして名前を入力するようにしましょう。

　これで、**C2**セルに**B2**セルの10%の税込金額（1.1を掛けた値）が表示されるようになります。

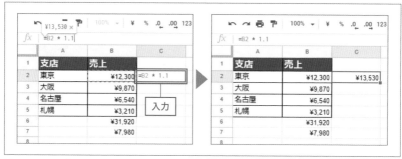

図 1-8-1　**C2**に「=B2 * 1.1」と入力すると税込金額が計算される

計算式をコピーする

　式を入力したら、**C2**セルを選択してください。そして右下の■を**C5**までドラッグし、選択範囲を広げてください。これで**C2**の式が**C5**までコピーされます。

　コピーされたセルの式を1つずつチェックするとわかりますが、実はセルにコピーされる式は単純にコピーされてはいません。

```
C2 セル    =B2 * 1.1
C3 セル    =B3 * 1.1
C4 セル    =B4 * 1.1
C5 セル    =B5 * 1.1
```

このように式が設定されます。式を記入したセルの左隣のセルを使って計算するように自動調整されているのです。

これは、選択範囲を広げて自動的に値がコピーされる場合にのみ適用されるわけではありません。例えば **C2** セルをコピーし、**C3** セルにペーストすると、ちゃんと「=B3 * 1.1」と式がペーストされます。

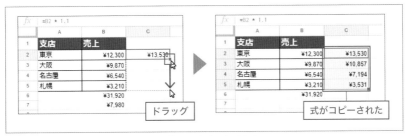

図 1-8-2　**C2** セルを選択し、選択範囲を広げると、式がコピーされる

式の入ったセルを移動しよう

式や関数を使うようになると、式の中から参照しているセルを常に意識しないといけなくなります。例えば、セルを移動したりしたら、そこにあった式や関数はどうなるのでしょうか。実際に試してみましょう。

では、値を入力したセル全体をマウスで選択してください。そして、その周辺部分をマウスでドラッグし、横に1列、縦に1行、右下に移動してみましょう。すると表示はどうなりましたか。

不思議なことに、合計も税込価格も全く問題なく表示されているはずです。なぜ、問題なく表示されるのか。それはセルの式を確認してみるとわかります。例えば合計を計算している「**B6**」セルが、「**C7**」セルに移動してどうなったか見てみましょう。

```
B6 セルのとき    =SUM(B2:B5)
C7 セルに移動    =SUM(C3:C6)
```

関数で参照しているセルの範囲が、セルの移動に合わせて自動的に変更されているのがわかります。その他のセル（AVARAGE 関数や数式を入力したセルなど）も、すべて同様にセルの指定が移動に合わせて自動的に更新されているのです。

このように、Googleスプレッドシートでは、セルに入力した式は移動しても常に正しい位置関係となるように自動的に調整されます。

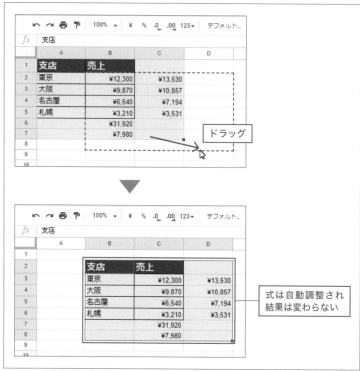

図1-8-3 入力した範囲を選択し、右下に移動する

09 データをグラフ化しよう

　Googleスプレッドシートには、グラフ機能が標準で組み込まれています。入力したデータをグラフ化してみましょう。

　グラフ化は、ツールバーの「グラフを挿入」というアイコンを使います。シートに入力したデータの部分をマウスでドラッグし選択してください。「支店」と書かれているセルから、その右下にある「¥3,210」というセルまでです。グラフを作成する際は、このようにグラフ化したい範囲を選択します。そして、ツールバーから「グラフを挿入」アイコンをクリックします。

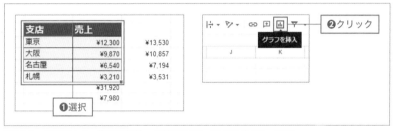

図 1-9-1　グラフ化したい範囲を選択し、「グラフを挿入」アイコンをクリックする

💡 グラフが挿入される

　シート上に、グラフが追加されます。右側には「グラフエディタ」というパネルが現れます。これは、作成したグラフの細かな設定などを行うためのものです。

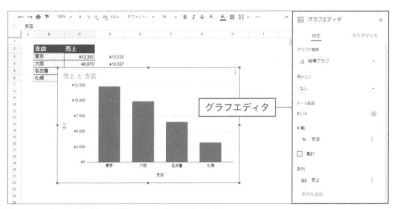

図 1-9-2　グラフが作成され、グラフエディタが表示される

デフォルトでは、**図1-9-2**のように縦方向に棒が伸びている棒グラフが作成されます。横軸には支店名が表示され、縦軸には金額が指定されて、各支店の売上がグラフ化されているのがわかります。このように、項目とデータをまとめてグラフ化すると、そのデータをもとに自動的にグラフが作成されるのです。

グラフの種類を変更する

Googleスプレッドシートで使えるグラフは棒グラフだけではありません。他にも多くのグラフが利用できます。

右側のグラフエディタを見てください。上に見える「設定」「カスタマイズ」というリンクのうち、「設定」が選択されているはずです。ここでグラフの基本的な設定を行います。

その下に「グラフの種類」という表示があり、「縦棒グラフ」という値が設定されています。この部分をクリックしてください。その下にずらりとグラフの種類が一覧表示されます。ここから使いたいグラフを選択すれば、そのグラフに切り替わります。

では、「円グラフ」という項目をクリックしてみましょう。するとグラフの表示が円グラフに変わります。こんなに簡単にグラフを切り替えられるのですね。その他のグラフも、切り替えるとどう表示されるか試してみましょう。

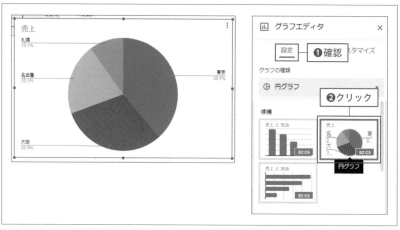

図 1-9-3 「グラフの種類」から「円グラフ」を選ぶ

グラフの表示を整えよう

　グラフの表示は、細かく調整することができます。実際に表示を整えてみましょう。

　まず、「グラフの種類」から「縦棒グラフ」を選んで、最初の棒グラフの表示に戻してください。棒グラフはもっとも基本となるグラフですから、これをベースに表示の調整の仕方を覚えていきましょう。

　グラフの細かな表示の調整は、グラフエディタの「カスタマイズ」というリンクをクリックして行います。ここの表示は、グラフの種類によって変化します。以下は、棒グラフの設定を中心に説明します。

グラフの立体化

　一番上には、「グラフの種類」という項目があります。ここには、グラフの背景色、枠線の色、使用フォントといった項目が用意されており、これらを使って表示を整えられます。その下には、以下のような項目が並んでいます。

最大化	グラフを領域の端から端までいっぱいに拡大して表示します
3D	立体的な棒グラフにします
比較モード	マウスでポイントした項目と比較できる値をポップアップ表示するものです

　実際に背景色、枠線の色、使用フォントなどを変更し、3DをONにした例が**図 1-9-4**です。

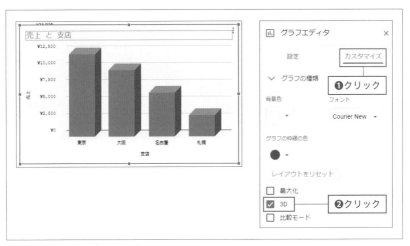

図 1-9-4　背景などを設定し、3D グラフにしたところ

💡 タイトルの変更

　タイトルは、「カスタマイズ」の「グラフと軸のタイトル」という項目で設定できます。ここには以下の4つの項目が用意されており、ポップアップメニューで切り替えながら設定を行えます。

グラフのタイトル	グラフの上部に表示されているタイトルです。今回のサンプルでは「売上と支店」と設定されています
グラフのサブタイトル	デフォルトではOFFになっています。タイトルの下にサブタイトルを設定したいときに使います
横軸のタイトル	横軸の「支店」というタイトルの設定です
縦軸のタイトル	縦軸の「売上」というタイトルの設定です

　ポップアップメニューでこれらを切り替えながらタイトルのテキストや表示のスタイルなどを設定しましょう。**図1-9-5**に、タイトルを変更した例を上げておきます。図を参考に、いろいろと表示を変えてみてください。

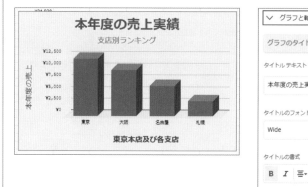

図1-9-5　タイトルの表示を修正したもの

軸の表示

　縦横軸に関する設定は、「カスタマイズ」の「横軸」「縦軸」にまとめられています。これらは細々と設定が用意されていますが、その多くはフォントやサイズ、スタイル、色などに関するもので、これまで設定してきたものとそれほど大きな違いはありません。それぞれでどんな項目が用意されているか確かめてみましょう。

図 1-9-6　「横軸」の設定画面

　また、「カスタマイズ」の「グリッドラインと目盛」というところには、グラフの軸と背景に表示されている目盛に関する設定が用意されています。これは縦横軸の目盛の表示や数値を表す軸のラインの間隔などをきめ細かく設定できます。
　これらの設定について、1つ1つ細かく説明はしません。これらは、とりあえず知らなくてもグラフは使えますし、興味があるならばそれぞれで設定を変更して表示がどう変わるか確かめてみれば理解できるでしょう。

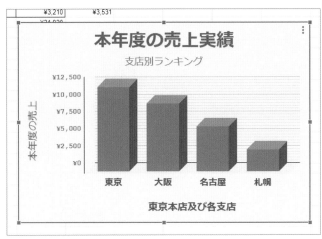

図 1-9-7　グラフの目盛を設定したもの

10 複数データを積み上げグラフ化する

　作成されたグラフは、選択範囲をもとに自動的にデータをグラフに変換して作られています。が、例えばグラフを作ったあとで、データが改変されたらどうなるでしょうか。

　単に、表示している数値が変更されただけならば、それは即座にグラフに反映されます。またグラフを作り直したりする必要はありません。が、例えばここまで使っているサンプルならば「支店が増えた」とか、「売上を上期と下期に分けて集計するようになった」というようにデータの構造が変わった場合は対応しきれなくなるでしょう。このような場合は、グラフが参照するデータの範囲を変更して、手作業で修正する必要があります。

💡 データの範囲を修正する

　では、実際に簡単な変更を行ってみましょう。シートの売上の部分の右側には、税込価格が表示されていましたね（P.021の**図1-9-1**参照）。この部分もグラフに含めてみましょう。

　グラフエディタの「設定」をクリックし、そこにある「データ範囲」という項目の右端の「⊞」アイコンをクリックしましょう。画面に「データ範囲の選択」というパネルが現れます。これが、グラフの参照する範囲になります。この値を「B2:D6」と変更してください。これで**D**列までのデータをグラフで参照するようになります。

図 1-10-1 　「データ範囲」の値を「B2:D6」に修正する

棒グラフを再設定する

まだこれだけではグラフは更新されません。続いて、「グラフの種類」をクリックし、そこにある「縦棒グラフ」のアイコンをクリックして再度グラフの種類を設定し直しましょう。これで、**C**列と**D**列の２つのデータがグラフに表示されるようになります。

図 1-10-2　グラフの種類を再設定する

D列のタイトルを入力する

よく見ると、**D**列の項目にはタイトルが設定されていません。シートの「**D2**」セルに「売上2」とテキストを入力しましょう。これでグラフの凡例に「売上」「売上2」と表示されるようになりました。

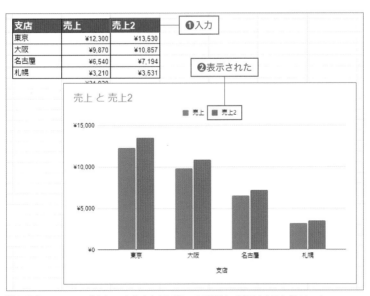

図 1-10-3　**D2** セルに「売上 2」と入力するとグラフの項目として表示されるようになった

11 基本は「セル」と「グラフ」

さあ、これでGoogleスプレッドシートの基本的な使い方は一通り説明しました。スプレッドシートの基本的な使い方は、端的にいえば「セル」と「グラフ」を使えるようになる、ということです。ポイントを以下に整理しておきましょう。

押さえておくポイント

覚えておきたいセルの使い方	・セルの選択や移動の方法、値や式、関数の入力の方法 ・フォーマット、スタイル、罫線の設定の方法
覚えておきたいグラフの使い方	・シートのデータからグラフを作成する方法 ・グラフの種類の変更、背景色や3D表示などの設定、タイトルの設定の仕方 ・参照するデータの範囲の修正

とりあえず、これらのことが頭に入っていれば、もうGoogleスプレッドシートは使えます。スプレッドシート自体は、実はそんなに難しいものではありません。

もちろん、まだまだ説明していない機能はたくさんありますし、もっと難しい高度な機能もいろいろあります。けれど、それらをすべてマスターしていなくとも、スプレッドシートは使えるのです。使って、あなたの役に立てることができるはずです。あれこれ機能を覚えるより、とにかく使ってみましょう！

Chapter 2

マクロで自動化しよう

この章のポイント
- マクロを使って操作を記録し自動再生できるようになろう。
- スクリプトエディタというマクロの編集ツールを使おう。
- コピー&ペーストで新しいマクロを作ってみよう。

01 マクロを利用しよう

Chapter 1で、スプレッドシートの基本的な使い方はできるようになったでしょうか。スプレッドシートは、シートに並ぶ「セル」に値を入力したり、スタイルや罫線などを設定して表を作成したりしていきます。こうした作業というのは、比較的決まりきったことの繰り返しになりがちです。

例えば、日常の業務で作成する表や集計データなどを思い出してみてください。基本的な形はだいたい同じものではありませんか？　入力するデータが違うだけで、表そのものの形やスタイルは全く同じ。そういうものを日々作成することはよくあります。

こうした「決まった処理を実行する」という場合に役立つのが「マクロ」です。マクロは、作業を自動化するための機能です。これは、「作業のレコーダー」と考えていいでしょう。作業を記録し、それをいつでも再生して実行させることができる、それがマクロです。

マクロ記録のメニュー

マクロの記録は、メニューから行うことができます。「ツール」メニューの中に「マクロ」という項目がありますね？　この中にマクロ関係のメニューがまとめられています。

メニュー	説明
マクロを記録	マクロの記録を開始します
マクロを管理	マクロを管理するパネルを呼び出します
インポート	マクロとして利用できる処理がある場合にそれを取り込んで使えるようにします

「インポート」は、自分でマクロのプログラムを作るようになるまでは使いません。マクロの基本は「マクロを記録」と「マクロを管理」と考えていいでしょう（インポートについては、もう少し後で使います）。

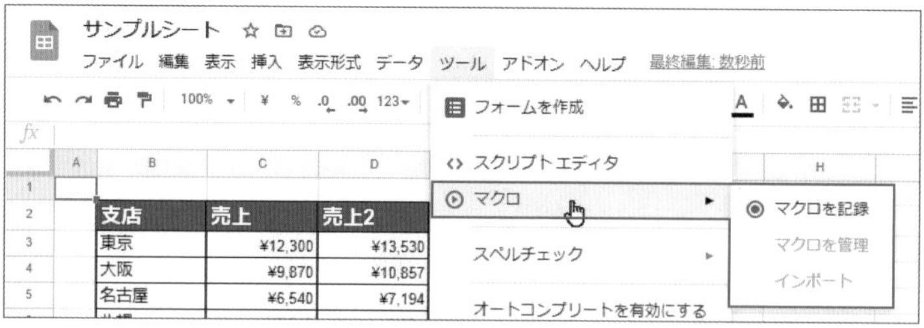

図 2-1-1　マクロ機能は「マクロ」のサブメニューとして用意されている

02 マクロで操作を記録しよう

では、実際に簡単な操作をマクロで記録してみましょう。「ツール」メニューから「マクロ→マクロを記録」メニューを選んでください。マクロの記録がスタートします。

画面の下部には「新しいマクロを記録しています」と表示されたパネルが現れます（**図2-2-1**）。これは、マクロの記録に関する設定を行うパネルです。以下のような項目が用意されています。

項目名	説明
新しいマクロを記録しています	右側に「キャンセル」「保存」とボタンが表示されています。これらのボタンを選択すると記録が終了します
絶対参照を使用	操作する対象を絶対参照（その対象固定の値）として記録します
相対参照を使用	操作する対象を相対参照（相対的な位置関係の値）として記録します

絶対参照と相対参照は後で触れることにするので、今は深く考える必要はありません。ここでは「保存」と「キャンセル」のボタンだけ知っていればいいでしょう。

このパネルが表示されているということは、すでに記録がスタートしているということです。何か操作をすれば、それはリアルタイムにマクロとして記録されていきます。この記録は、「キャンセル」か「保存」のどちらかのボタンをクリックするまで続けられます。これらのボタンを押してマクロをキャンセルするか保存すると、記録を終了し元の状態に戻ります。

図 2-2-1
「マクロを記録」メニューを選ぶと記録中を示す表示が現れる

シートを作成する

では、スプレッドシートを操作してマクロに記録をしていきましょう。まず、新しいシートを作成しましょう。スプレッドシートの左下に「シート1」といったシート名のタブが表示されていますね（**図2-2-2**）。その左側に「＋」というアイコンが表示されています。これが「シートを追加」アイコンです。

このアイコンをクリックしてください。これで新しいシートが作成されます。

図 2-2-2　シート左下の「シートを追加」アイコンをクリックし、新しいシートを作成する

セルに値を入力する

では、セルに値を入力しましょう。まず、**A1**セルを選択して「1」と記入します。続いて、**A2**セルを選択して「2」と記入します。

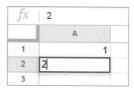

図 2-2-3　**A1** セルに「1」、**A2** セルに「2」と入力する

A1と**A2**セルをドラッグして選択状態にし、その右下の■をドラッグして**A10**セルまで選択されるようにしましょう。これで手を離せば、**A10**セルまで1〜10の数字が連番で割り振られます。

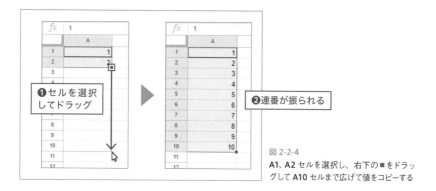

図 2-2-4
A1、**A2** セルを選択し、右下の■をドラッグして **A10** セルまで広げて値をコピーする

マクロを保存する

これで操作は完了です。マクロのパネルにある「保存」ボタンをクリックしてください。画面にマクロ名を入力する新しいパネルが現れるので、ここで名前を「macro1」と入力し、「保存」ボタンで保存をします。これでパネルが消え、マクロが保存されます。

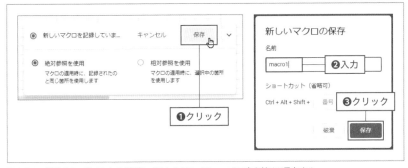

図 2-2-5 記録中のパネルにある「保存」ボタンをクリックし、マクロ名を付けて保存する

保存できたら、「ツール」メニューの「マクロ」を見てみましょう。サブメニューに「macro1」という項目が追加されて使えるようになりました！

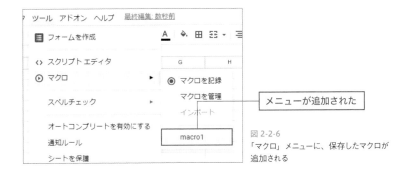

図 2-2-6
「マクロ」メニューに、保存したマクロが追加される

記録したマクロを実行

では、記録したマクロを実行してみましょう。「ツール」メニューの「マクロ」内から、「macro1」メニューを選んでみてください。初めてマクロを実行するときには、画面に「承認が必要」というアラートが現れます。これはそのまま「続行」ボタンをクリックしてください。

図 2-2-7 「承認が必要」アラートが現れる

新しいウインドウが開かれ、承認するアカウントを選択する画面が現れます。ここで、利用しているGoogleアカウントを選択します。

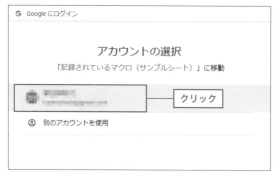

図2-2-8　ウインドウでアカウントを選択する

アカウントに要求されているアクセスの内容が表示されるので、そのまま「許可」ボタンをクリックしてください。ウインドウが消え、マクロが実行可能になります。

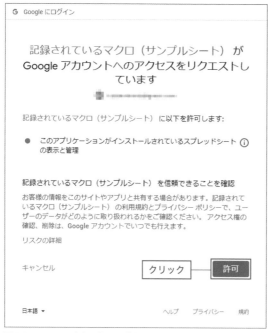

図2-2-9　アクセス内容を確認して「許可」をクリックする

これで記録したmacro1が実行されます（もし実行されなかったら、再度メニューを選んでください）。新しい3枚目のシートが作成され、**A1〜A10**セルに数字が書き出されるでしょう。

何度か試してみればわかりますが、どのシートのどのセルを選択していても、macro1を実行すると「新しいシートが作られ、その**A1〜A10**セルに連番が割り振られる」という動作をします。まぁ、これでも便利ではありますが、例えば「選択したセルからその10個下まで連番を割り振る」というような使い方はできません。常に**A1〜A10**セルに値が書き出されるのです。

これは、マクロが「絶対参照」で記録されていたためです。

絶対参照と相対参照

マクロの詳しい内容はいずれ説明することになりますが、記録したマクロは「シートを作成し、その**A1〜A10**セルに連番を書き出す」という形になっています。「選択されたセルに書き出す」のではないのです。**A1〜A10**というように、固定されたセルに値を書き出すようになっているのです。

このように、シートやセルを固有の名前などを使って指定するやり方を「絶対参照」といいます。「○○のセルを設定する」というように、個々の名前を直接指定する方式ですね。

これに対し、例えば「1つ下のセルを選択する」というように、現在の状態から相対的な位置関係でセルなどを指定するやり方を「相対参照」といいます。絶対参照は、常に同じ場所のシートやセルを操作します。相対参照は、現在選択されているシートやセルからの位置関係として操作をします。

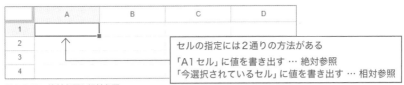

図 2-2-10　絶対参照と相対参照

03 相対参照でマクロを記録しよう

　絶対参照は、汎用性がありません。マクロを記録したときに実行したのと全く同じことをただ繰り返すだけです。が、「相対参照」を使えば、そのときの状況に応じたマクロの実行が行えるようになります。

　では、相対参照を使ったマクロの記録を行ってみましょう。シートの適当なセルを選択し、「ツール」メニューから「マクロ→マクロを記録」を選んでください。そして現れたパネルで「相対参照を使用」を選択しましょう。これで、相対参照を使ってマクロを記録するようになります。

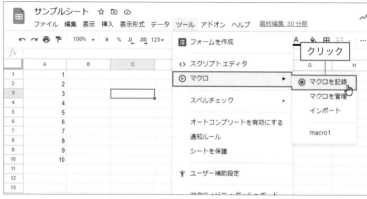

図 2-3-1　「マクロを記録」をクリック

図 2-3-2　「マクロを記録」メニューを選び、「相対参照を使用」を ON にする

操作を記録しよう

　では、先ほどと同じように「セルに1〜10の連番を振る」という操作を記録しましょう。

まず、現在選択されているセルに「1」と記入をします。そしてその下のセルに「2」と記入します。この「1」と「2」を記入したセルを選択し、右下の■をドラッグして1～10の数字を連番で割り振ります。

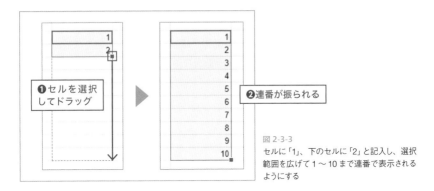

図 2-3-3
セルに「1」、下のセルに「2」と記入し、選択範囲を広げて1～10まで連番で表示されるようにする

◇ マクロを保存しよう

マクロのパネルにある「保存」ボタンをクリックし、現れたパネルから「macro2」と名前を付けて保存をしてください。これで2つ目のマクロができました！

図 2-3-4 「保存」をクリック

図 2-3-5
「保存」ボタンを押し、「macro2」という名前で保存をする

💡 マクロが追加された！

　保存できたら、「マクロ」メニューを確認しましょう。先ほどの「macro1」の下に「macro2」メニューが追加されます。これが新たに記録したマクロですね。このように複数のマクロを記録しても、それらはすべてメニューに登録されます。

　実際に「macro2」メニューを選んで動作を確認しましょう。適当なセルを選択してマクロを実行すると、そのセルから下に連番が割り振られます。

図 2-3-6
「マクロ」メニューに「macro2」が追加された

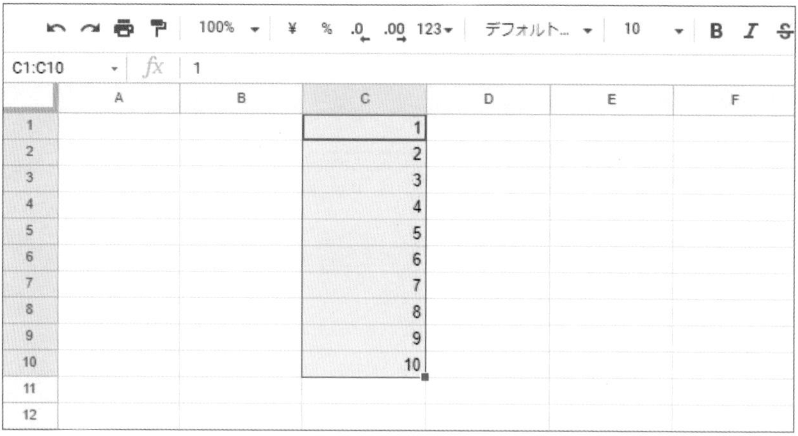

図 2-3-7　C1 セルを選択して「macro2」を実行したところ

04 作成されたマクロの管理

　作成されたマクロは、不要になったら削除したり、あるいはわかりやすい名前に書き換えたりすることもあるでしょう。こうしたマクロの管理は、「ツール」メニューの「マクロ」にある「マクロを管理」メニューで行えます。

　このメニューを選ぶと画面にパネルが現れ、そこに登録されているマクロ名が一覧表示されます（**図2-4-1**）。ここでマクロの管理を行います。各マクロには以下の操作が行えます。

操作	説明
名前の変更	マクロ名の部分はフィールドになっており、後から書き換えることができます
ショートカットの設定	マクロ名の右側にある「Ctrl + Alt + Shift + 」という表示の右側に文字を入力する欄があります。ここを選択してキーを押すと、そのキーでショートカットが割り当てられます。例えば、「1」と入力すれば、[Ctrl] キー ＋ [Alt] キー ＋ [Shift] キー ＋ [1] キーでそのマクロが実行されるようになります
スクリプトの編集・削除	右端にある「⋮」部分をクリックすると、「スクリプトを編集」「削除」といったメニューがプルダウンして現れます。これらを選ぶことで、マクロの内容を専用のツールで編集したり（これについては後述）、マクロを削除できます

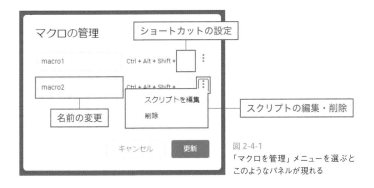

図 2-4-1
「マクロを管理」メニューを選ぶとこのようなパネルが現れる

💡 マクロは「スクリプト」！

　記録したマクロは、一体どのようになっているのでしょうか。これは「スクリプト」と呼ばれるものとして保存されています。

　スクリプトとは、実行したい処理の内容をプログラミング言語の文として記述したものです。これは一般に「ソースコード」と呼ばれるテキストとして記録されて

います。Googleスプレッドシートのマクロは「Google Apps Script」というプログラミング言語のソースコードの形で記録されているのです。これが「スクリプト」です。

このスクリプトは、「スクリプトエディタ」という専用の編集ツールを使って編集したり、新たに作成したりできるようになっています。スクリプトエディタは、「ツール」メニューの「スクリプトエディタ」メニューを選ぶと開くことができます。

図 2-4-2
「ツール」メニューの「スクリプトエディタ」を
選ぶとスクリプトエディタを開ける

Google Apps ScriptのWebサイト

マクロは、Google Apps Scriptというもので書かれていますが、この言語は、Googleスプレッドシート専用ではありません。その他のGoogleドキュメントやGoogleスライドなどでも使われていますし、Google Apps Script単体でプログラム開発などにも利用されています。
このGoogle Apps Scriptのスクリプトは、以下のWebサイトで管理されています。

https://script.google.com/

ここにアクセスすると、自分が作ったスクリプトが一覧表示されます。Googleスプレッドシートのマクロもここに表示されていますよ。

図 2-4-3

05 スクリプトエディタを開こう

では、実際にスクリプトエディタを開いてみましょう。「スクリプトエディタ」メニューを選ぶと、ブラウザに新しいタブとして開かれます。

スクリプトエディタは、作成されたマクロのスクリプトを編集するための専用エディタです。これは、大きく3つの部分で構成されています。サイドバーと、ファイルのリスト表示部分、そして開いているファイルを編集するエディタ部分です。

図 2-5-1 「スクリプトエディタ」メニューで開かれるスクリプトエディタ

❶サイドバー

スクリプトエディタの左端には、縦にアイコンが並んだバーが見えます。これがサイドバーです。この部分にマウスポインタを移動するとバーが広がり、各アイコンの項目が表示されます。ここからアイコンの項目をクリックして表示を切り替えることができます。サイドバーに用意されている項目は以下のようになります。

Ⓐ 概要	ⓘ	プロジェクト（作成したスクリプト関係）の情報や実行状況などがまとめられています
Ⓑ エディタ	< >	これがデフォルトで選択されています。作成したマクロのスクリプトを編集するための専用エディタが表示され、ここで編集が行えます
Ⓒ トリガー	⏰	Google Apps Scriptでは、さまざまな状況に応じて自動実行するスクリプトを作れます。これは、その呼出処理を管理するものです。今は使いません
Ⓓ 実行数	≡▶	スクリプトの実行状況を管理するものです
Ⓔ プロジェクトの設定	⚙	このスクリプトに関する設定画面を呼び出します

❷ファイルリスト部分

サイドバーで「エディタ」を選択すると、その右側にファイルやライブラリなど
のリストが表示されます。デフォルトでは「マクロ.gs」というファイルが1つ作
成されており、ここに記録したマクロのスクリプトが記述されています。その他
のファイルを作成したり、外部のライブラリを利用したりする場合は、ここでそ
れらを追加できます。

❸エディタ部分

サイドバーの「エディタ」が選択されていると、ファイルリストの右側の広いエ
リアに、選択されたファイルを編集するための専用エディタが表示されます。デ
フォルトでは、「マクロ.gs」ファイルが開かれ、編集できるようになっています。

当面の間、サイドバーはデフォルトで選択されている「エディタ」のみを使い、
それ以外のものは使わない、と考えておきましょう。この表示だけでスクリプト
の編集作業は一通り行えます。それ以外のものは、Google Apps Scriptでもう
少し高度な使い方をするようになったときに必要となるもの、と考えましょう。

スクリプトエディタは2021年から大きく変わった！

　以前からGoogle Apps Scriptを利用したことがある人なら、スクリプトエディタの表示が
大きく変わっているのに気がついたかもしれません。2020年12月〜2021年1月にかけて、
スクリプトエディタは大規模な更新が行われています。本書をお読みになっている時点では、
すでにすべてのユーザーが新バージョンに移行しているはずですので、こちらをベースに説明
を行っていきます。

　もし、以前からGoogle Apps Scriptを使っていて「旧バージョンに慣れていて使いやすい」
という人は、新バージョンのスクリプトエディタ上部に見える「以前のエディタを使用」ボタン
をクリックすると、旧版のスクリプトエディタに戻すことができます。

図 2-5-2　従来のスクリプトエディタ

06 Google Apps Scriptについて

Googleスプレッドシートのマクロは「Google Apps Script」という専用のプログラミング言語を使って記述されています。

このGoogle Apps Scriptという言語は、「JavaScriptに専用のライブラリ類を組み込んだもの」です。つまり、全く新しい言語というわけではなくて、基本的な文法などはすべてJavaScriptと同じです。

ただし、JavaScriptといっても、Webブラウザに組み込まれている「Webページで動く専用言語」をイメージしないでください。現在のJavaScriptは、Webブラウザの組み込み言語ではなくなっています。パソコンやスマホ、Webサーバーの開発などにも使われる本格言語に進化しているのです。Google Apps Scriptも、こうした「新しい時代のJavaScript」をベースに作られているのです。

「プロジェクト」とスクリプト

ここではGoogleスプレッドシートのマクロを調べてみるためにスクリプトエディタを開きました。しかし、Google Apps Script自体は本格的な開発も可能な言語であり、Googleスプレッドシートのマクロ以外にも様々なところで使われています。このため、Google Apps Scriptのスクリプトも、こうした本格開発に対応できるような仕組みになっています。

スクリプトエディタを開くと、複数の項目の1つとして「マクロ.gs」というファイルが用意されており、そこにマクロのスクリプトが記述されていました。つまり、スクリプトエディタで開いているのは、マクロを書いたファイルではなく、マクロのファイルを含め多数のファイルやライブラリを管理できる「なにか」なのです。

この「なにか」は、「プロジェクト」と呼ばれるものです。プロジェクトというのは、さまざまなファイルやライブラリなどをまとめて管理するGoogle Apps Scriptの専用ファイルです。GoogleスプレッドシートのマクロもGoogle Apps Scriptを利用しているため、プロジェクトとしてファイルが作成されます。このプロジェクトの中に、実際にマクロが記述されているスクリプトファイルが組み込まれているのですね。

マクロを見てみよう

では、記述されているマクロがどうなっているのか見てみましょう。といっても、

Google Apps Scriptという言語の使い方（文法やさまざまな命令など）について
は、次のChapter 3で具体的に説明していく予定です。ここでは、動作を記述した
マクロがどのようになっているのか、スクリプトを見ながらわかることを調べてい
くことにします。

　ここでは、2つのマクロを記録していましたね。「macro1」と「macro2」です。
これらがどのように書かれているか、「マクロ.gs」の内容を見てみましょう。

リスト2-1

```
01  /** @OnlyCurrentDoc */
02
03  function macro1() {
04    var spreadsheet = SpreadsheetApp.getActive();
05    spreadsheet.getRange('A1:A10').activate();
06    spreadsheet.insertSheet(2);
07    spreadsheet.getCurrentCell().setValue('1');
08    spreadsheet.getRange('A2').activate();
09    spreadsheet.getCurrentCell().setValue('2');
10    spreadsheet.getRange('A1:A2').activate();
11    spreadsheet.getActiveRange().autoFill(spreadsheet. ⮕
      getRange('A1:A10'), SpreadsheetApp.AutoFillSeries. ⮕
      DEFAULT_SERIES);
12    spreadsheet.getRange('A1:A10').activate();
13  };
14
15  function macro2() {
16    var spreadsheet = SpreadsheetApp.getActive();
17    spreadsheet.getCurrentCell().setValue('1');
18    spreadsheet.getCurrentCell().offset(1, 0).activate();
19    spreadsheet.getCurrentCell().setValue('2');
20    spreadsheet.getCurrentCell().offset(-1, 0, 2, 1).activate();
21    var destinationRange = spreadsheet.getActiveRange(). ⮕
      offset(0, 0, 10);
22    spreadsheet.getActiveRange().autoFill(destinationRange, ⮕
      SpreadsheetApp.AutoFillSeries.DEFAULT_SERIES);
23    spreadsheet.getCurrentCell().offset(0, 0, 10, 1).activate();
24  };
```

　これが、マクロ.gsに書かれている内容です。細かな部分で多少違っているとこ
ろもあるかもしれませんが、だいたいこんなものが書かれていることでしょう。

　今すぐ、これらの内容を理解する必要は全くありませんが、「マクロは、Google
Apps Scriptという言語を使ったスクリプトとして書かれている」ということはしっ
かり頭に入れておいてください。そして、このマクロがどういう形で書かれている
のか、少しずつ調べていくことにしましょう。

では、マクロのスクリプトがどのような形になっているのか、もう少し整理してみましょう。すると、だいたいこういう形になっていることがわかります。

```
01  /** @OnlyCurrentDoc */
02
03  function macro1() {
04      ……いろいろ書かれている……
05  };
06
07  function macro2() {
08      ……いろいろ書かれている……
09  };
```

この内、最初の /** @OnlyCurrentDoc */ という文は、「コメント」と呼ばれるものです。コメントは、マクロとは直接関係ないものです。スクリプトの中に何かメモなどを書いておきたいときに使うのがコメントです。これは、こんな具合に書きます。

【書式】コメントの書き方

```
/* ここにコメントを書く */
// ここにコメントを書く
```

1つ目の書き方は、/* 〜 */ の間の部分をすべてコメントとして扱います。途中、改行して何行ものテキストが書いてあっても問題なくコメントとして認識します。

2つ目の書き方は、// 以降、改行されるまでをコメントとして扱います。改行すると、通常のスクリプトの記述に戻ります。

　なお、@OnlyCurrentDocというコメントは、Googleのセキュリティ診断で問題ないことを示すのに使われる特殊なキーワードです。Googleでは、個人情報にアクセスするプログラムをチェックし、「危害を加える可能性がある」と判断してしまうので、「このドキュメント以外にアクセスしないので安全ですよ」ということを知らせるためのものです。削除しても特に問題はありません。

マクロの書き方

その後にある部分が、マクロの記述です。2つのマクロが書かれていますね。これは、以下のような形になっています。

【書式】

```
function マクロ名 () {
  ……マクロの内容……
};
```

マクロは、こんな具合に function の後にマクロの名前をつけて記述します。この行（{ で終わる最初の行）から、最後の } までの間に、実行する内容が書かれています。この基本形さえわかれば、自分でマクロを新たに作ることだってできるようになります。

Google Apps Scriptの「文」

マクロの内容となる部分には、いくつもの文が書かれていますね。この1つ1つが、様々な処理を実行する働きをしています。文の最後には、すべてセミコロン（;記号）が付けられているのがわかります。

Google Apps Scriptの文の書き方は、整理するとこうなります。

・1つ1つの文は、改行して書くのが基本
・各文の最後には、セミコロンを付ける

実をいえば、これはどちらか片方だけでいいのです。1つ1つの文を改行してあれば、最後のセミコロンはなくても問題ありません。また最後にセミコロンをつけていれば、文を改行しないで書いても大丈夫です。もちろん、マクロで書かれているように「改行してセミコロン」でも全く問題ありません。

Spreadsheetを操作するには？

この2つのマクロを見ると、どちらも同じ以下の文で始まっていることがわかります。

```
var spreadsheet = SpreadsheetApp.getActive();
```

これは、現在使われているスプレッドシートの値を取り出しているのです。細かな説明は改めて行いますが、Google Apps Scriptでは、Googleスプレッドシー

トだけでなく、Googleのさまざまなサービスを自動操作するマクロを記述します。

こうしたものでは、そのWebアプリで使われているさまざまな要素をGoogle Apps Scriptで使えるプログラム的な部品として用意しています。こうした部品のことを一般に「オブジェクト」といいます。スプレッドシートならば、まずスプレッドシートの部品（オブジェクト）を取り出して、そこにある機能を呼び出して操作をするようになっているのですね。

この「スプレッドシートの部品」を取り出しているのが、この文なのです。これは、spreadsheetというもの（後述しますが、これは「変数」というものです）にスプレッドシートの部品を取り出している文です。この後の部分を見てみると、

```
spreadsheet.○○……
```

こんな具合に書かれている文が並んでいることがわかるでしょう。これは、スプレッドシートの部品にある命令（正確には「メソッド」というものです）を呼び出しているのですね。こんな具合に、用意したスプレッドシートの部品からさまざまな情報を取り出したり、メソッドを呼び出したりしてスプレッドシートを操作しているのですね。

セルを操作するには？

その後の方を見ると、ここからセルを取り出して操作する文がいくつか見つかります。それはこういう文です。

```
spreadsheet.getCurrentCell().○○……
```

spreadsheetという部品から「getCurrentCell()」というものを呼び出していますね。これは、現在選択されているセルの部品を取り出すメソッドです。これで、スプレッドシートの中から選択されているセルの部品を取り出し、さらにそのセルのメソッドをを利用しているのですね。

セルを取り出すためのメソッドはいろいろ用意されているのですが、マクロの記録機能で使われるのは、このgetCurrentCell()というものだけです。ですから、マクロの中で「spreadsheet.getCurrentCell()」という文を見つけたら、「ここで、選択されているセルを取り出して操作しているんだな」と考えればいいでしょう。

その他にもいろいろな単語が見つかりますが、これらは今ここでは説明しません。シートやセルの具体的な扱いはもっと後の章できちんと説明しますから、今は「こんな具合にシートやセルを操作するんだ」というイメージをつかむことを考えてください。

08 2つのマクロの違いを見よう

　2つのマクロは、だいたい同じようなことをしていますが、大きく違う点が1つありました。それは、「絶対参照」と「相対参照」です。macro1では、絶対参照というものを使い、macro2では相対参照というものを使っていましたね。

　では、両者がどう違っているのか、セルを選択して値を設定している部分を抜き出して比較してみましょう。

絶対参照の場合

```
spreadsheet.getCurrentCell().setValue('1');
… 選択されているセルの値を「1」に設定する。

spreadsheet.getRange('A2').activate();
… A2セルを選択する。

spreadsheet.getCurrentCell().setValue('2');
…選択されているセルの値を「2」に設定する。

spreadsheet.getRange('A1:A2').activate();
… A1～A2セルを選択する。
```

相対参照の場合

```
spreadsheet.getCurrentCell().setValue('1');
… 選択されているセルの値を「1」に設定する。

spreadsheet.getCurrentCell().offset(1, 0).activate();
… 選択されているセルから縦に1, 横にゼロだけ移動した先のセルを選択する(つまり、1つ
下のセルを選択する)。

spreadsheet.getCurrentCell().setValue('2');
… 選択されているセルの値を「2」に設定する。

spreadsheet.getCurrentCell().offset(-1, 0, 2, 1).activate();
…選択されているセルから見て縦-1, 横ゼロから縦に2つ、横に1つの範囲を選択する(つま
り、1つ上と現在のセルを選択する)。
```

spreadsheet.getCurrentCell()というのは、「現在、選択されているセル」の部品を取り出すものでしたね。そこから、値を変更したり、別のセルを選択したりする機能を呼び出しているのですね。

```
spreadsheet.getCurrentCell().offset(1, 0).activate();
```

スプレッドシートの　　　　　　縦に1、横に0移動して
　　現在選択されているセルを取り出して　　そのセルを選択する

図 2-8-1　相対参照でセルを取り出す

いかがですか？　絶対参照と相対参照の違いがわかってきたことでしょう。絶対参照では、**A1**とか**A2**というように、セルの名前を直接指定して操作をしています。これに対して相対参照では、「現在のセルより○○だけ移動したところ」という形でセルを指定しています。こうすることで、どのセルが選択されていてもそこからマクロが実行されるようになっているのです。

　こんな具合にして、「操作するセルを選択して、そこに値を入力する」ということを繰り返していたのです。この基本部分がわかれば、「マクロがどういうことをしているか」がおぼろげながらわかってくるんじゃないでしょうか。

絶対参照か、相対参照か？

　2つのマクロの違いを見るとわかってきますが、絶対参照も相対参照も、作られるマクロはだいたい同じです。ただ、中で実行されている文が少し違っているだけです。

　このため、作ったマクロから、「これは絶対参照か、相対参照か」を調べる手立てとしては、自分でマクロの内容を見て、「これは絶対参照を使っているな」ということを読み取るしかないのです。

　また「絶対参照のマクロを相対参照に変換する」というような機能も現時点ではありません。従って、「絶対参照を使うか、相対参照にするか」は、マクロを作成する前にあらかじめ決めるようにしましょう。作ったあとで変更するのは、自分でマクロを書き換えない限りできません。

　もし、「どっちにすればいいかわからない」と思ったときは、相対参照を使うようにしてください。相対参照のほうがより柔軟に処理を実行できますから。

09 新しいマクロを書いてみよう

　では、練習を兼ねて、新しくマクロを書いてみましょう。スクリプトエディタの一番下を改行して、以下の文を追記してみてください。

リスト2-2

```
01  function macro3() {
02
03  };
```

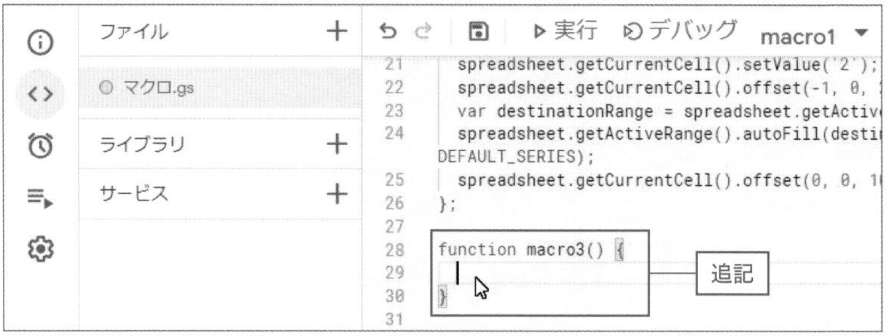

図 2-9-1　スクリプトエディタの一番下に、3つ目のマクロのための文を追記する

　この2つの文の間に実行する内容を書けばいいのでしたね。では、macro2のこの間の部分をコピーし、macro3の間にペーストしましょう。

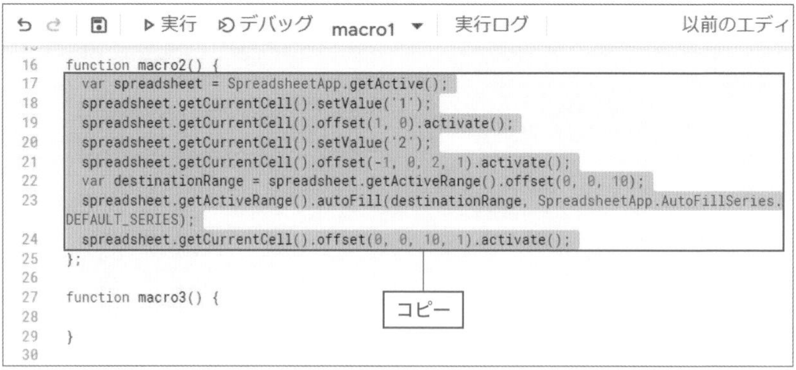

図 2-9-2　macro2 の内容をコピーする

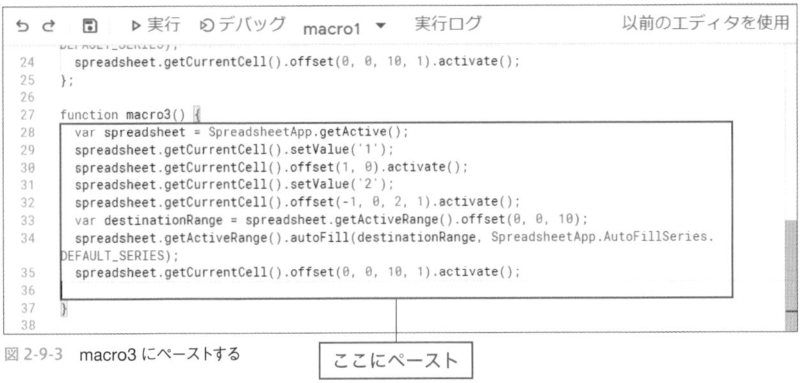

図 2-9-3　macro3 にペーストする　　ここにペースト

　これでmacro2の内容がmacro3に記述されました。後は、この内容を少し書き換えましょう。書き終えたら、エディタの上部にある「プロジェクトを保存」のアイコン 🖫 をクリックして、保存しておきましょう。

リスト2-3

```
01  function macro3() {
02    var spreadsheet = SpreadsheetApp.getActive();
03    spreadsheet.getCurrentCell().setValue('No,1'); //☆
04    spreadsheet.getCurrentCell().offset(0, 1).activate(); //☆
05    spreadsheet.getCurrentCell().setValue('No,2'); //☆
06    spreadsheet.getCurrentCell().offset(0, -1, 1, 2).activate();//☆
07    var destinationRange = spreadsheet.getActiveRange(). ⤶
        offset(0, 0, 1, 10); //☆
08    spreadsheet.getActiveRange().autoFill(destinationRange, ⤶
        SpreadsheetApp.AutoFillSeries.DEFAULT_SERIES);
09    spreadsheet.getCurrentCell().offset(0, 0, 1, 10).activate();//☆
10  };
```

　書き換えたのは、最後に // ☆と書かれている文です。 // は、コメントを示す記号でしたね。つまり、 // ☆はコメントです。この部分は書かなくても問題ありません。
　// ☆がついている文では、( ) 内の値 (テキストや数字など) を書き換えてあります。文字の色が変えてある箇所です。リストをよく見ながら正確に記述をしてください。

💡 作ったマクロを動かそう

　では、作成されたマクロを動かしてみましょう。WebブラウザをGoogleスプレッドシートのタブに切り替えてください。「ツール」メニューの「マクロ」メニューからマクロを選んで実行します。

　ところが、見てみると、作成した「macro3」がありません。

図 2-9-4　「マクロ」メニューには「macro3」が表示されない

　これでは、マクロを実行できません。自分でスクリプトエディタで書いたマクロは使えないのでしょうか？

💡 マクロをインポートする

　自分でスクリプトエディタに書いたマクロは、マクロを使うスプレッドシートにインポートすると使えるようになります。

　「ツール」メニューの「マクロ」から「インポート」メニューを選んでください。画面のパネルが現れ、インポートできるマクロ名が表示されます。ここに「macro3」と表示されていれば、macro3はマクロとして正しく認識されています。

　パネルにある「関数を追加」というリンクをクリックしてください。これで、macro3がインポートされました。そ

図 2-9-5　「インポート」メニューを選び、現れたパネルから「関数を追加」をクリックする

のままパネルのクローズボックス（右上の［×］アイコン）をクリックしてパネルを
閉じましょう。

再び「ツール」メニューの
「マクロ」を見てみましょう。す
ると、今度は「macro3」がメ
ニューに追加され、実行できる
ようになっています。

図 2-9-6　「マクロ」メニューに「macro3」が追加された

マクロを実行しよう

では、スプレッドシートの適当なセルを選択し、「マクロ」メニューから「macro3」
を選んでみましょう。すると、選択セルから右方向に「No,1」「No,2」と順番に出
力され、「No,10」まで書き出されます。これが、新たに作成したNo,3のマクロです。
　こんな具合に、マクロはただ記録するだけでなく、記録したマクロをコピー＆ペー
ストして新しいマクロを作り、登録して利用することもできるのです。

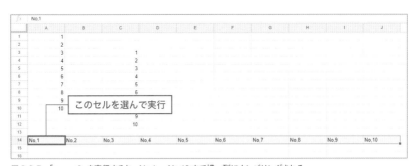

図 2-9-7　「macro3」を実行すると、No,1 ～ No,10 まで横一列にナンバリングされる

10 マクロは、プログラミングだ！

　以上、「マクロを記録し、その内容をチェックして新しいマクロを作って動かす」
ということを行ってみました。これでGoogleスプレッドシートのマクロというもの
がどういうものか、少しずつわかってきたことと思います。以下に、マクロについ
てわかったことを簡単にまとめておきましょう。

---

1. マクロは、Google Apps Scriptという専用のプログラミング言語を使っ
て書かれている。

2. マクロは、スクリプトエディタという専用のツールを開いて編集できる。

3. Google Apps Scriptでは、シートやセルの部品が用意されており、それ
らを使ってシートやセルを操作できる。

4. マクロは、自分で新しく書くこともできる。

5. 自分で新たに書いたマクロは、インポートすれば使えるようになる。

　これらのことから、マクロをさらに使い込んでいくためには、Google Apps
Scriptというプログラミング言語についてしっかり学ぶ必要があることがわかりま
す。では、次のChapter 3でこの言語の基本を学ぶことにしましょう。

Chapter 3

Google Apps Scriptの
基本を覚えよう

この章のポイント
- ・値と変数・定数についてしっかり理解しよう
- ・制御構文の使い方を覚えよう
- ・関数とオブジェクトの使い方をマスターしよう

01 マクロの書き方をおさらい

　Chapter 2で、Googleスプレッドシートのマクロは、「Google Apps Script」というプログラミング言語を使って書かれていると説明しました。この言語は、JavaScriptというプログラミング言語に独自のライブラリを追加したものです。文法などはJavaScriptと全く同じと考えていいでしょう。すでにJavaScriptを使ったことがある人なら、Google Apps Scriptの基本はすぐに覚えられます。

　文法の説明に入る前に、まず、マクロがどのように書かれていたのか思い出してください。こんな形になっていましたね。

```
function 名前 () {
   ……内容……
};
```

　「名前」のところには、macro1, macro2というようにマクロの名前がつけられていました。これは、「関数」と呼ばれるものの書き方です。関数については後ほど改めて説明しますが、これは「ひとかたまりの処理をどこからでも呼び出し実行できるようにしたもの」です。

　マクロは、いくつも登録して呼び出すことができます。ということは、呼び出したときに、そのマクロの内容だけが実行されるようになっていないといけません。いくつもあるマクロが全部実行されたりしては困りますから。そこで、関数というものを使って、用意してある処理だけが実行できるように作られていたのですね。

　Google Apps Scriptのスクリプトでは、実行する処理（マクロなど）は基本的に「関数」として用意する必要があります。関数以外のところに文を書くこともできますが、それはマクロとして呼び出したりはできないのです。

　この関数の基本的な書き方を、まずはしっかりと頭に入れておきましょう。

基礎文法は、サラリと流して！

　これ以後、Google Apps Scriptの基礎的な文法について説明をしていきますが、最初に頭に入れておいてほしいのは「さらっと流して読んでほしい」という点です。

　文法は、非常に重要です。基礎文法は、プログラミングの基礎ですからしっかり覚えておかないといけません。ただ、基礎文法というのは、これから何十回とスクリプトを書いては動かしていく過程で、たいていは自然と覚えてしまうものだったりします。何か書いて動かせば、必ずそこで何らかの基礎文法を使うわけで、何度も書いて動かす、ということを繰り返していくうちに誰でも自然に覚えてしまうものなのです。

　ですから、あまり「ここで文法を基礎からしっかり！」と気負わないでおきましょう。「こんなものがあって、こんな具合に使うんだ」ということをさらっと読んで頭に入れておく、ぐらいに考えておけば十分です。

　この先の章の説明やスクリプトを読んで、「あれ？　これって何だっけ？」と思ったら、またこの章に戻って説明を読み返してください。そうやって「わからなかったら戻って調べる」を繰り返していくうちに、自然と基礎文法は覚えてしまうはずですよ。

> **深く学びたい人は、JavaScriptの入門書を探そう！**
>
> 　どうせ学ぶなら、基礎からしっかりと学びたい！　と思っても、Google Apps Scriptの入門書などはまだ意外と少ないのが現状です。
>
> 　「もっと本気で勉強したい場合はどうすればいいんだろう」と悩んでいる人。そういう人は、「JavaScript」の本格的な入門書などで学んでください。
>
> 　Google Apps Scriptは、JavaScriptベースでできていますから、基本的な文法は同じです。JavaScriptをきっちり学べば、その知識はすべてGoogle Apps Scriptで活かすことができるでしょう。

02 値と変数について

　では、Google Apps Scriptの使い方を説明していきましょう。まずは「値」についてです。Google Apps Scriptでは、さまざまな値を使います。もっとも基礎的な値には以下のようなものがあります。

● 数値 (number)

数字は、計算などの基本ですね。数字の値は、数字をそのまま書くだけです。「100」「0.01」というように記述します。「1,000」のようにカンマは付けてはいけません。付けていい記号は小数点のドットだけです。

● テキスト (string)

テキストは、前後「'」や「"」などのクォート記号をつけて記述します。例えば、"Hello" や 'あいう' といった具合です。"と'は、働きは全く同じです。どちらを使っても構いません。

● 真偽値 (boolean)

これはプログラミング言語特有の値でしょう。「しんぎち」と読みます。「正しいか、そうでないか」といった二者択一の状態を表すのに使います。これは、trueとfalseの2つの値しかありません。

● オブジェクト (object)

それ以外にも複雑な構造の値がたくさん使われていますが、それらは基本的に「オブジェクト」というものです。オブジェクトについては改めて説明します。

 変数について

　値は、スクリプトの中でそのまま使うこともありますが、多くは「変数（へんすう）」というものに入れて利用します。

　変数は、値を保管しておくための「入れ物」です。プログラミング言語では、さまざまな値を変数という入れ物に入れておき、必要に応じて入っている値を変更したりして処理をしていくのです。

　この変数は、以下のように使います。

【書式】変数の宣言

```
var 名前;
```

　名前は、基本的に半角英数字とアンダーバー（_）記号を組み合わせた1単語として名付ける、と考えてください。実は日本語の文字も使えるのですが、かえってわかりにくくなることが多いので「名前は半角英数字だけでつけるのが基本」と考えておきましょう。

　変数は、varというキーワードの後に変数名を付けて書くことで使えるようになります。この変数に値を入れる（一般に「代入（だいにゅう）」といいます）ときは、イコール記号を使ってこう書きます。

【書式】変数の代入

```
変数 = 値;
```

　また、変数を用意するときに値も代入したい場合は、この2つをまとめて以下のように書くこともできます。

【書式】変数の宣言と代入

```
var 変数 = 値;
```

　これで変数を用意し、そこに指定の値を代入しておくことができます。これらは変数利用の最も基本的なこととして覚えておきましょう。

💡 定数について

　変数は、いつでも値を入れ替えることができます。そうやって必要に応じて値を
どんどん変更しながら使っていけるのが変数の利点です。が、場合によっては「絶
対に変更してはいけない」という値もあるでしょう。このような値は、「定数（てい
すう）」というものに保管します。

　定数は、変数のvarの代わりに「const」というものを使って作成します。

【書式】定数の宣言と代入

```
const 名前 = 値;
```

　これで、定数を作って値を設定できます。作られた定数は、もう二度と値を変更
できません。また、変数のように「const　○○;」と定数を作って、後で値を代
入することもできません。定数は、必ず作成したときに値を代入する必要がありま
す。

定数って何に使うの？

　定数は、値が変更できません。「値が変更できない変数（？）なんて使う意味あるんだろうか」
と思った人も多いでしょう。が、ちゃんと意味はあります。それは「値に名前をつけて利用する」
ためです。

　マクロで使う様々な数字を、数字のまま使うと意味がわからなくなることがあります。例え
ばマクロの中でいきなり35921336などといった数字が出てきても、なんのことかわかりませ
んね？

　けれど、最初にconst id = 35921336;として以後はidという定数を使って式を書けば、
値の意味がよくわかります。このように、「値の意味や役割がわかるように名前をつけておく」
のに定数は使われるのですね。

---

03 値と変数で計算をする

値・変数・定数。これらは、さまざまな値を扱う際の基本となるものです。こうした値は、演算記号を使って計算に利用できます。演算記号には、以下のようなものがあります（※わかりやすいように、AとBという値を演算する形で書いてあります）。

● 数字の演算記号

A + B	AとBを足す
A – B	AからBを引く
A * B	AとBを掛ける
A / B	AをBで割る
A % B	AをBで割った余りを得る

● テキストの演算記号

A + B	AとBをつなげたテキストを作る

演算記号は数字だけしかないと思っていたかもしれませんが、実はテキストにもあるのです。+記号で2つのテキストを1つにつなげることができます。

この他、演算の優先順位を決めるのに ( ) も使えます。例えば、A * (B + C) とすれば、まずB + Cを計算して、その結果とAを掛け算します。

計算をしてみよう

では、これらの演算記号を使って計算を行ってみましょう。Chapter 2で、Googleスプレッドシートのスクリプトエディタを開いてスクリプトを書きましたね。あれを利用しましょう。スクリプトエディタを閉じてしまった人は、Googleスプレッドシートの「ツール」メニューから「スクリプトエディタ」を選んで開いてください。

すでに、マクロ.gsファイルにはmacro1、macro2、macro3という3つのマクロが関数として書かれていますね。その一番下に、新しく関数を追記することにしましょう。以下の文を追記してください。

リスト3-3-1

```
01 function hello() {
02   const price = 12300;
03   var tax = 0.08;
04   var result = price * (1.0 + tax);
05   console.log('価格:' + price);
06   console.log('税込価格:' + result);
07   tax = 0.1;
08   result = price * (1.0 + tax);
09   console.log('価格:' + price);
10   console.log('税込価格:' + result);
11 };
```

「hello」という名前の関数を新たに作りました。ちょっと長いので、間違えないようにしましょう。

記述したら、エディタの上部に見える「プロジェクトを保存」アイコン 🗓 をクリックすると、保存をします。

インデントについて

　スクリプトを書いてみると、function hello() { と } の間の行では、冒頭に半角スペースが2つ自動的に追加されているでしょう。これは「インデント」というものです。

　Google Apps Scriptでは、構文に従ってインデントをつけて記述するようになっています。文の開始位置を見れば、構文がどこからどこまでの範囲なのかがひと目で分かるようになっているのです。ですから、つけられたスペースは削除しないでそのままにして記述をしましょう。

　このインデントのスペースは、単に「見やすさ」のためのものですから、消してしまっても全く問題はありません。また「インデントの付け方がよくわからない」という人は、スクリプトをすべて記述してからエディタ内を右クリックし、「ドキュメントのフォーマット」メニューを選ぶと自動的にインデントを付けてくれます。

💡 helloを実行する

　作成したhello関数は、マクロのようにGoogleスプレッドシートから呼び出すのではなく、スクリプトエディタの中で直接実行できます。エディタ上部の「デバッグ」という表示の右側に「macro1」という表示がありますね。これは「実行する関数を選択」という項目です。

図3-3-1　「実行する関数を選択」から「hello」を選ぶ

これをクリックすると、スクリプトに記述されている関数がポップアップして表示されます。ここから、「hello」を選んでください。

　hello関数を選んだら、その左側にある「実行」という表示をクリックしましょう。hello関数が実行され、その実行結果がエディタの下部に表示されます。この結果を表示している部分は「実行ログ」と呼ばれるもので、スクリプトの実行時にさまざまな情報を表示するのに使われます。

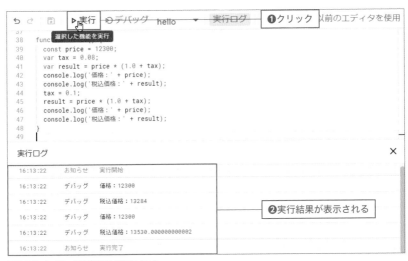

図 3-3-2　hello の実行結果が表示される

💡 console.logで結果を表示

　この実行ログに値を表示するには「console.log」というものを使います。これは、計算の結果などを表示して確認したいときに使うものです。

【書式】実行ログを表示する

```
console.log( 値 );
```

　こんな具合に実行すると、その値が実行ログに出力されます。実行結果をその場で確認するのに便利ですね！

　logの後の( )の中には、どんな値でも入れることができます。数字でもテキストでも、その他のものでもちゃんと値を表示することができます。

04 計算の問題点について

　実行すると、定数priceと変数taxにそれぞれ値を代入し、price ＊ (1.0 + tax)の計算結果を変数resultに代入します。そしてテキストとpriceやresultをまとめたものを出力しています。

　実行結果を見ると、ちょっと不思議な値が表示されているのに気づいたでしょう。こうなっているはずですね。

```
価格:12300
税込価格:13284
価格:12300
税込価格:13530.000000000002
```

　最後の3530.000000000002って、一体何だ？　と思った人。これは、計算の「誤差」なのです。

　Google Apps Scriptでは、実数の計算は正確に行えません。細かな端数部分で誤差が交じる場合があるのです。ここでは12300を1.1倍しているだけなので、小数点以下の値など出てくるはずがないのですが、こんな具合に0.000000000002という端数が表示されます。実数の計算では、このように時々誤差が混じってしまうのです。

　「Google Apps Scriptって言語は信用できないな」と思ったかもしれません。が、実はこれ、Google Apps Scriptに限らず、すべてのプログラミング言語で同じように発生します。コンピュータ特有の現象なのです。整数どうしの四則演算は問題ありませんが、実数の値は常に正確なわけではありません。「だいたい正確」と考えましょう。

💡 計算結果の値の種類

　もう1つ、見過ごしがちな部分ですが、ここでは非常に重要なことを行っています。console.logで結果を表示している部分を見てください。こんな感じになっていましたね。

```
console.log('価格:' + price);
```

　ここでは、'価格：　'というテキストにpriceを付けて表示をしています。が、

よく考えてみましょう。priceには、数値が入っています。つまり、これは「テキスト ＋ 数値」という演算を行っていたのです。テキストも数値もどちらも＋で演算が行えますが、働きは違います。こういう場合、どういう結果になるのでしょう？

　答えは、「足し算の場合、演算の中にテキストが1つでも含まれている場合は、すべてテキストとして扱われる」です。すべて数値ならば数値として足し算しますが、中にテキストが混じっていると、数値もすべてテキストとして1つにつなげられます。

　これは、特に「数字をテキストとして用意した場合」に問題を起こすことがあるので注意が必要です。例えば、"1" ＋ 2は、3ではなく"12"というテキストになってしまいます。この「テキストを数字と勘違いする」というミスはよくやりがちですので、ここでしっかり頭に入れておいてください。

Chapter 3

キャスト(型変換)について

　では、"1" ＋ 2を実行するとき、ちゃんと1 ＋ 2と扱われるようにするためにはどうすればいいのでしょうか。これは、「キャスト (型変換)」という作業を行います。

　キャストというのは、ある種類の値を別の種類に変換する作業です。テキストを数字にしたり、数字をテキストにしたりすることですね。Google Apps Scriptでは、さまざまな種類の値を使いますが、皆さんがまず直面するのは「テキストと数字の間のキャスト」でしょう。これは、以下のように行います。

【書式】数字をテキストに変換

```
String( 数字 )
```

【書式】テキストを数字に変換

```
Number( テキスト )
```

　これが基本と考えてください。例えば、var a = "10";というように変数が用意されていたとしましょう。このaに20を足し算したいときは、a ＋ 20だと答えは"1020"になってしまいます。数字として計算したければ、こんな具合にします。

```
Number(a) + 20
```

　aではなくNumber(a)と書くことで、aの値を数字として扱えるようになります。これが「テキストを数字に変換」の基本です。

💡 1を掛けてもOK!

が、キャストのやり方は1つだけでなく、さまざまな方法があります。実は、もっと簡単にこういうやり方もできます。

```
a * 1 + 20
```

足し算だから、aはテキストとして扱われるのです。掛け算ならば、（テキストの掛け算はないので）自動的にaを数字として扱ってくれます。数字は、1を掛けても変わりませんから、a * 1とすればaを数字として計算できてしまうのですね。

ただ、このやり方は決して正しい方法というわけではありません。ですが、スクリプトは問題なく動くので、この書き方を使っても大丈夫ですよ。

まだまだある、値のキャスト

「テキストを数字に変換する」という作業は、この他にもさまざまな方法があります。比較的よく使われるのは「parseInt」というものを使った方法です。

【書式】テキストを整数に変換する

```
parseInt( テキスト )
```

このようにすることで、テキストを整数に変換できます。同様のものに、実数に変換するparseFloatというものも用意されています。

また、+演算子をつけて変換する方法もあります。例えば変数xにテキストが設定されていた場合、「+x」と書くことで、数値に変換した値にすることができます。
テキストを数値に変換する作業は、とても頻繁に利用することになります。1つだけでなく、できればいくつかのやり方を覚えておきたいですね！

05 if構文について

　値と変数の次に覚えておきたいのは「制御構文」というものです。これは、処理の流れを制御するための構文です。制御構文には「分岐」と「繰り返し」の2つの形があり、それぞれ複数の構文が用意されています。では、順に説明していきましょう。

　まずは、分岐の基本となる「if」という構文からです。これは、以下のような形をした構文です。

【書式】if構文

```
if ( 条件 ) {
    ……条件が正しいときの処理……
} else {
    ……条件が正しくないときの処理……
}
```

　ifの後の( )に条件となるものを用意し、その結果が正しいか正しくないかで実行する処理を変えます。なお、正しくないときの処理部分（else {……}）は省略することもできます。この場合、正しくないときは何も実行しません。

　問題は、「条件となるものって何？」ということでしょう。これは、「真偽値の値や変数、式など」です。真偽値って、最初に値について説明したとき（P.058）に出てきましたが覚えていますか？　「正しいか、そうでないか」といった二者択一の状態を表すのに使う値でしたね。

　この真偽値を代入した変数や、結果が真偽値になる式などを条件に指定すればいいのです。この値がtrueならばその後の{}部分を実行し、falseならばelse以降の{}部分を実行します。

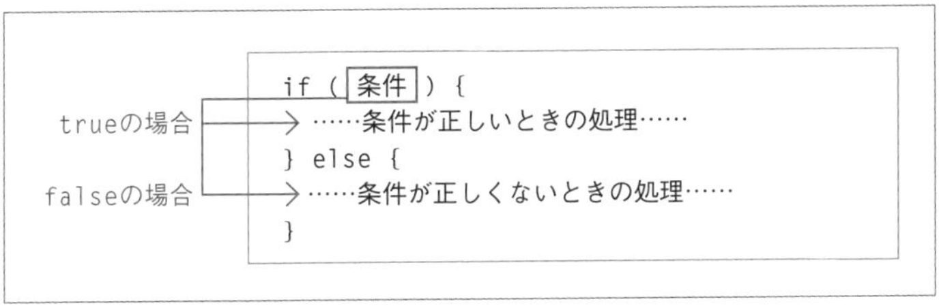

```
          ┌─ if ( 条件 ) {
trueの場合 ─┤   →……条件が正しいときの処理……
          │  } else {
falseの場合 ─┘   →……条件が正しくないときの処理……
              }
```

図 3-5-1　if 構文

💡 ifを使ってみる

とはいえ、真偽値なんて値はまだ使ったことがないのでよくわからないかもしれません。実際に簡単なサンプルを作って、その働きを見てみましょう。先ほどのhello関数の中身を以下のように書き換えてください。

リスト3-5-1

```
01  function hello() {
02    const num = 12345;  ·················· 1
03    if (num % 2 == 0) {
04      console.log(num + 'は、偶数です。');  ·················· 2
05    } else {
06      console.log(num + 'は、奇数です。');  ·················· 3
07    }
08  };
```

図3-5-2　実行すると「12345 は、奇数です。」と表示される

記述したら、「実行」をクリックしてhello関数を実行してみましょう。すると、「12345は、奇数です。」と実行ログに表示されます（**図3-5-1**）。動作を確認できたら、**1**の行のnumの値をいろいろと書き換えてどのような結果になるか確かめてみましょう。

ここでは、if (num % 2 == 0)というようにして条件をチェックしています。num % 2は、定数numを2で割った余りを計算する式でしたね。その結果が、ゼロかどうかを確認しているのです。これが正しければ（つまりtrueならば）、その後の**2**の{}が実行され、そうでないならばelse以降の**3**の{}が実行されます。

偶数か奇数かは、「2で割り切れるかどうか」です。2で割った値がゼロと同じ（つ

まり、num % 2 == 0の結果がtrue）ならば偶数になり、そうでなければ奇数となります。こんな具合に、式を使って何かの結果をチェックし、それが正しいかどうか（つまりtrueかfalseか）でifは動いているのですね。

💡 比較演算子について

ここでは、条件として「num % 2 == 0」という式が実行されていました。この式は、==という記号を使っています。これは「比較演算子」という演算記号です。

比較演算子は、2つの値を比べた結果を真偽値で返します。用意されている比較演算子には以下のようなものがあります（わかりやすいように、AとBを比較する形でまとめてあります）。

計算式	意味
A == B	AとBは等しい
A != B	AとBは等しくない
A > B	AはBより大きい
A >= B	AはBより大きいか等しい
A < B	AはBより小さい
A <= B	AはBと等しいか小さい

このようにして、「この変数の値は〇〇に等しいか、大きいか、小さいか」といったことを調べて条件にするのです。

if構文の条件は、この比較演算子を使った式を使うのが基本だ、と考えておきましょう。もちろん、それ以外のものも真偽値として利用できるならば使えます。

06 switch構文について

　分岐の構文はもう1つあります。それは「switch」というものです。ifが二者択一なのに対し、switchは3つ以上の分岐を行うときによく利用されます。このswitchの基本的な書き方をまとめておきましょう。

【書式】switch構文

```
switch( チェックする値 ) {  ·····························■
  case 値1:
    ……実行する処理……   ·····························②
    break;  ·······················③
  case 値2:
    ……実行する処理……
    break;

  ……必要なだけcaseを用意……

  default:
    ……すべて当てはまらなかったときの処理……
}
```

　switchも、「(チェックする値)」(■) にチェックするものを用意します。が、ifの条件とは違います。これは、真偽値の値である必要はありません。数字やテキストなどさまざまな値を利用できます。

　switchでは、「(チェックする値)」で値をチェックし、それと同じ値が指定されているcaseを探してジャンプし、処理を実行します。そしてそこにある処理を実行します。つまり、「(チェックする値)」が「値1」と同じだったら、②を実行します。②の後に「break;」(③) というものが書いてありますが、これは「今いる構文を抜けて次に進む」という働きをするキーワードです。これにより、switch構文を抜けて次に進みます。

　このbreak;がないと、そのまま次のcaseに進んでしまうので注意しましょう。「caseの最後には必ずbreak;を書く」と覚えておいてください。

　すべてのcaseをチェックし、同じ値が見つからない場合は、最後のdefault:にジャンプします。このdefault:は省略することもできます。その場合は、caseが見つからなければ何もしません。

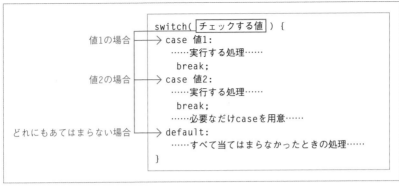

図 3-6-1　switch構文

月の値から季節を調べる

では、これもサンプルを作成してみましょう。月の値をもとに季節を調べて表示する、というものを作ってみます。またhello関数を書き換えて実行してみてください。

リスト3-6-1

```
01  function hello() {
02    const month = 4; //月の値  ……………………………■1
03    var m = month;
04    if (m == 12) {
05      m = 0;
06    }
07    switch(Math.floor(m / 3)) {  ……………………………■2
08      case 0:
09      console.log(month + '月は、冬です。');
10      break;
11      case 1:
12      console.log(month + '月は、春です。');
13      break;
14      case 2:
15      console.log(month + '月は、夏です。');
16      break;
17      case 3:
18      console.log(month + '月は、秋です。');
19      break;
20      default:
21      console.log('よくわかりません。');
22    }
23  };
```

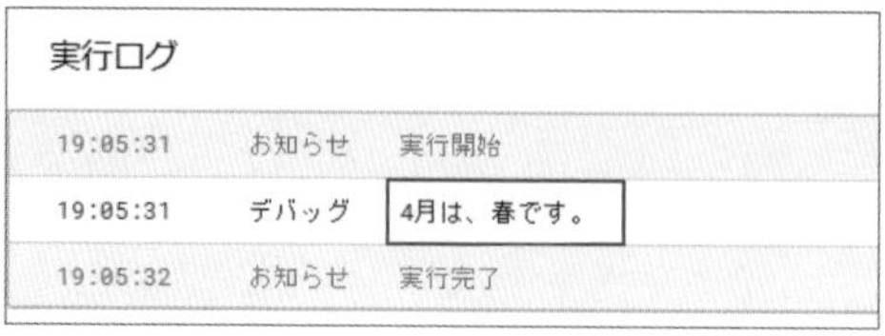

図 3-6-2　実行すると「4月は、春です。」と表示される

　実行すると、実行ログに「4月は、春です。」と表示されます。■の定数 month の値を1〜12の範囲でいろいろと書き換えて、正しく季節が表示されるか確かめましょう。また13以上やマイナスにするとどうなるかも調べてみてください。
　ここでは、■で switch(Math.floor(m / 3)) というように switch のチェックする値を用意しています。Math.floor というのは、小数の値から整数の部分だけを取り出すのに使うもので、以下のように利用します。

【書式】小数点以下を切り捨てる

```
Math.floor( 数値 )
```

　これで、例えば 1.23 というように小数点以下の値が含まれているものも1になります。割り算した結果から整数の値だけ取り出して使いたい、ということはよくありますから、ここで覚えておくと良いでしょう。
　Math.floor の ( ) では、m / 3 を計算しています。■の月の値を3で割って、さらに小数点以下を切り捨てて、その結果がゼロなら冬、1なら春……というように季節を調べていたのですね。

---

case は複数の値を持てる？

　ここでは結果の値が 0，1，2，3 の場合についてそれぞれ case を用意しました。これを見て、「case には複数の値を指定できないのか？」と思ったかもしれません。例えば、こんな具合です。

```
case 1,2,3:
```

　これができればさらに便利ですが、残念ながらこうした書き方はできません。case には1つの値しか指定できないのです。
　もし「チェックする値が1でも2でも同じ case にジャンプして欲しい」と思うなら、case ではなく、チェックする値の方を調整しましょう。

---

07 while構文について

　続いて、繰り返しの構文です。「while」という構文は、条件をチェックして処理を繰り返し実行するシンプルな構文です。これは以下のように記述をします。

【書式】while構文

```
while ( 条件 ) {
   ……繰り返す処理……
}
```

　whileの後の( )内に条件となるものを用意します。これは、ifの条件と同じで、真偽値（trueかfalseかを示す値）を持つ変数や式などを用意します。この値がtrueである間は、その後の{ }部分を繰り返し実行します。そして条件がfalseになったら、繰り返しを抜けて次に進みます。

💡 1から指定の数までの合計を求める

　では、これもサンプルを上げておきましょう。hello関数を書き換えて実行してください。

リスト3-7-1

```
01  function hello() {
02    const max = 100;  ……………………………1
03    var total = 0;
04    var count = 1;
05    while(count <= max) {  ……………………2
06      total += count;  ………………………3
07      count++;
08    }
09    console.log(max + 'までの合計は、' + total);  ………………4
10  };
```

　実行すると、1から100までの整数を順に足し算していき、「100までの合計は、5050」と表示されます。

　動作を確認したら、❶の定数maxの値をいろいろと書き換えてどういう結果になるか試してみましょう。

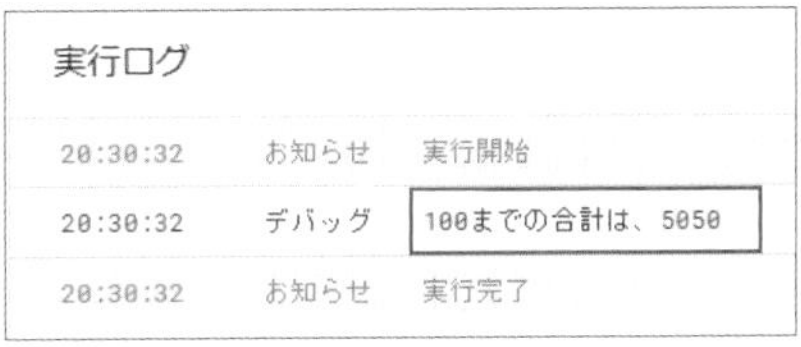

実行ログ		
20:30:32	お知らせ	実行開始
20:30:32	デバッグ	100までの合計は、5050
20:30:32	お知らせ	実行完了

図 3-7-1　1 から max までの合計を計算し表示する

2では、while(count <= max)というように条件を設定していますね。これで、countの値がmaxと等しいかそれより小さい間（つまり条件がtrueの間）、3部分を繰り返し実行します。そしてcountがmaxより大きくなったら、繰り返しを抜けて4に進み、結果を表示します。

 代入演算子とインクリメント演算子

3では、繰り返し実行する処理の部分で見たことのない演算記号を使っていますね。以下のようなものです。

```
total += count;
count++;
```

1行目は、変数totalにcountの値を加算するものです。値を代入するイコール記号と、足し算の演算記号が合体したような形をしていますね。これは「代入演算子」といって、右側の値を左側の変数に直接足す（つまり左側の変数の値が直接書き換わる）ものです。この代入演算子は、以下のように四則演算の記号と同じだけ用意されています。

```
+=      -=      *=      /=      %=
```

2行目の「++」という記号は、変数の値を1増やすもので「インクリメント演算子」と呼ばれます。これは変数の前か後ろにつけて使います。同様に、「--」という1値を減らす「デクリメント演算子」というものもあります。

これらは、まぁ覚えていなくとも問題ない（普通の四則演算でできることなので）のですが、覚えていればよりスマートに値の操作が記述できるようになります。

---

i++と++iは違うの？

インクリメント演算子は、変数の前にも後にも付けられます。となると、「i++と++iは、何か違うんだろうか？」と疑問を持つ人もいるでしょう。

これは、違います。++iは値を1増やしてその値を取り出しますが、i++は値を取り出したあとで1増やします。その変数の値を得るときと値が増えるタイミングが違っているのです。

この動作の違いは、慣れないうちは混乱します。混乱を避けるため、当面は「式の中でインクリメント演算子は使わない。使うときはそれだけ1つの文として書く」ようにしましょう。

---

08 for構文について

　while構文のサンプルを見ると、繰り返しを行うためにいくつも変数を用意して
おかなければならず、意外と面倒なことがわかるでしょう。繰り返しの条件をチェッ
クするために変数の値を増減したりする必要があるので、どうしても「繰り返しの
ための変数」(**リスト3-7-1**ではcount) の文が必要になります。

　だったら、繰り返しのための処理を構文自体に持たせればいい、ということで用
意されているのが「for」という構文です。これは、ちょっと複雑な形をしています。

【書式】for構文

```
for ( 開始時の処理 ; 繰り返し条件 ; 繰り返し後の処理 ) {
   ……繰り返す処理……
}
```

　for構文は、その後の( )内にセミコロンで区切って3つの文を記述します。これ
らは、それぞれ以下のような働きをします。

開始時の処理……………for構文を開始する際に、ここにある文を1回だけ実行します。
繰り返し条件……………繰り返し部分を実行する前にこの条件をチェックし、結果がtrue ならば後の{}部分を実行します。
繰り返し後の処理………{}部分を実行後、この処理を実行してから次の繰り返しに進みま す。

　forを実行する際に、これらの文が自動的に実行されていくわけです。ちょっと
わかりにくいので、実際にfor構文を実行するとどうなるか、ざっと流れを整理し
てみましょう。

1. [開始時の処理]を実行
2. 最初の繰り返しの前に、[繰り返し条件]をチェック
3. 結果がtrueなら、{}部分を実行
4. [繰り返し後の処理]を実行し、次の繰り返しに進む
5. [繰り返し条件]をチェック
6. 結果がtrueなら、{}部分を実行
7. [繰り返し後の処理]を実行し、次の繰り返しに進む

　　……以後、[繰り返し条件]がfalseになるまで繰り返す……

　for自体に、繰り返しに関する処理を用意しておけるため、それ以外に繰り返し

Chapter 3

用の変数などを用意する必要はなくなるでしょう。印象としては複雑そうに見えますが、余計な変数などが必要なくなるためスクリプト自体はwhileよりすっきりまとめることができます。

💡 whileの処理をforで書き直す

では、これもサンプルを上げておきましょう。先ほどのwhile構文で作った**リスト3-7-1**の「数字を合計する」スクリプトを、for構文を使って書き直してみます。

リスト3-8-1

```
01  function hello() {
02    const max = 100;  ......................1
03    var total = 0;
04    for(var i = 1;i <= max;i++) {  .....................2
05      total += i;
06    }
07    console.log(max + 'までの合計は、' + total);
08  };
```

動作は、先ほどのwhileのサンプルと全く同じです。やはり**1**のmax値をいろいろ書き換えて動作を確認しましょう。

ここでは、**2**のような形でfor構文を用意していますね。カッコ内の指定について意味をまとめてみます。

var i = 1	繰り返し開始時に変数iに1を代入します
i <= max;	変数iがmaxと同じか小さい間、繰り返します
i++	繰り返しを実行後、iを1増やします

繰り返すごとに変数iの値が1ずつ増えていき、これをtotalに足していくことで、1～maxまでの数字をすべて足すことができるわけです。for構文では、この例のように「繰り返すごとに数字を加算減算するための変数」を用意して、これを利用した繰り返し条件を指定するのが一般的です。

forは、制御構文の中では一番使いこなしが難しいものです。今すぐ使い方を理解できなくとも、これから何度も利用する中で次第に使い方が身についていくはずですよ。

09 多数の値をまとめる「配列」

値・変数・制御構文がわかったら、次に覚えることは？　それは、「多量のデータを扱うための特別な値」でしょう。「配列」と呼ばれるものです。

配列は、たくさんの値を1つの変数の中にまとめて保管し、番号を割り振って操作できるようにしたものです。これは以下のようにして使います。

【書式】配列の宣言と代入

```
変数 = [ 値1, 値2, ……];
```

[]記号を使い、その中に値をカンマで区切って記述します。これで、多数の値をまとめて保管する配列が作られ、変数に代入されます。配列に含まれる1つひとつの値を「要素」と呼びます。配列の値は、変数の後に［番号］という形で値の番号を指定して取り出します。

```
変数 = 変数[ 番号 ]; //配列の値を変数に取り出す
変数[ 番号 ] = 値; //配列の要素に新しい値を代入する
```

こんな具合ですね。指定した番号の要素や値が存在しないとエラーになるので注意してください。

この番号は「インデックス」と呼ばれるもので、ゼロから順に割り振られます。1からではありませんよ。間違えないように！

配列を利用しよう

では、簡単な例を上げておきましょう。hello関数を以下のように書き換えて実行してください。

リスト3-9-1

```
01 function hello() {
02   const data = [0, 198, 76, 54];          ……………………1
03   data[0] = data[1] + data[2] + data[3];  ……………………2
04   console.log('合計は,' + data[0]);
05 };
```

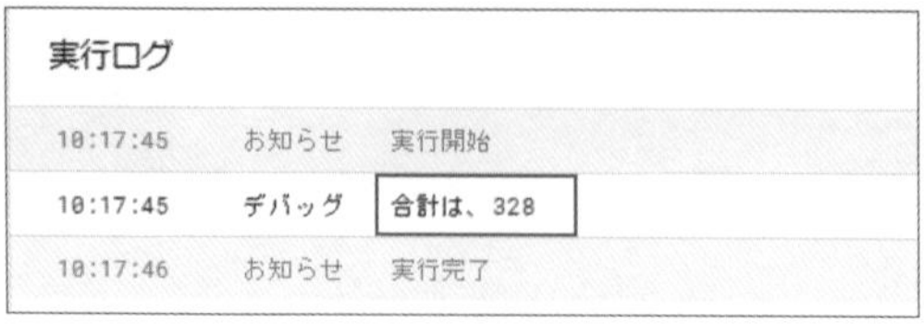

図 3-9-1　1 から max までの合計を計算し表示する

1では、[0，198，76，54] というように 4 つの要素を持つ配列を用意しています。そして、**2**で 2 番目以降の要素を合計して最初の要素に代入しています。

配列の各要素の番号は、ゼロから割り振られますから、最初の要素は data[0] となり、2 番目が data[1]、3 番目が data[2]……となります。data[1] が最初の要素ではありませんよ！

💡 繰り返しの for について

配列は、多量の値を扱います。こうしたデータは「すべての値を取り出して、決まった形で処理する」ということが多いものです。例えば「すべての値を足し算する」とか「すべての値を 2 倍にする」というような操作ですね。

すべての値を処理する場合は、「配列のための for 構文」というのを使うことができます。

【書式】配列のための for 構文

```
for ( 変数 in 配列 ) {
  ……配列[変数] を取り出し処理する……
}
```

for (変数 in 配列) では、各要素の番号を最初から 1 つずつ順に取り出し変数に代入していき、すべての要素について変数に取り出し終わったら構文を抜けます。繰り返し実行する { } 内では、配列[変数] というようにして配列の要素から値を取り出し処理することができます。これにより、配列のすべての要素に同じ処理が実行されるようになります。

> **定数なのに変更できるの？**
> ここでは、const で作成した配列 data の値を変更しています。定数なのに変更できる？　そう、できるのです。定数は、最初に値を代入したら、それ以後はもう代入はできない、というものです。代入した配列の中にある値は定数でも自由に変更できます。

全要素の合計と平均を計算する

　では、これも利用例を挙げておきましょう。配列にいくつかの値を保管しておき、その合計と平均を計算してみます。

リスト3-9-2

```
01  function hello() {
02    const data = [12, 34, 56, 78, 90];
03    var total = 0;
04    for(var n in data) {      ·····························1
05      total += data[n];        ·····················2
06    }
07    console.log('合計は、' + total);
08    console.log('平均は、' + (total / data.length));   ·················3
09  };
```

実行ログ

10:21:05	お知らせ	実行開始
10:21:04	デバッグ	合計は、270
10:21:04	デバッグ	平均は、54
10:21:05	お知らせ	実行完了

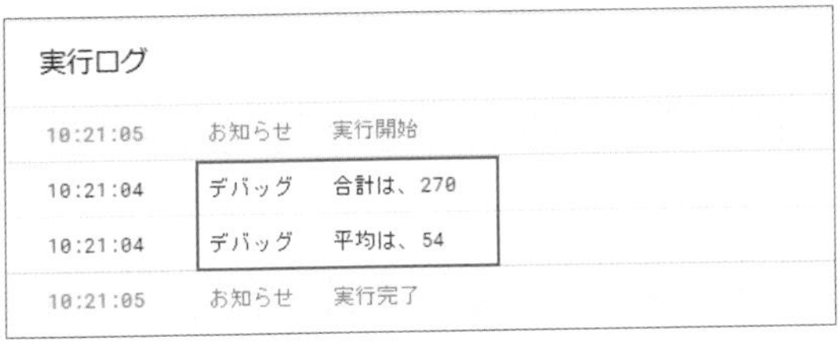

図 3-9-2　配列の全要素の合計と平均を計算し表示する

　1では、for(var n in data)というようにして繰り返しを行っていますね。これで、dataから要素の番号がnに取り出されます。つまり、0、1、2、3、4の値が1つずつ取り出されていきます。{}部分でtotal += data[n]; (**2**)と実行することで、data[0]からdata[4]まで、順に値をtotalに加算していくわけです。これで合計が計算できます。通常のforに比べ、( )内の記述もシンプルでわかりやすくなりますね。

　3の平均は、合計をデータ数で割って求めます。ここでは、(total / data.length)というようにして計算していますね。配列の要素数は配列の後に「.length」というものを付けて得ることができます。これは割とよく使うので、ここで覚えておきましょう。

10 関数について

　さまざまな処理を行うようになると、それぞれの処理の内容ごとにスクリプトを整理し、必要に応じて必要な処理を呼び出すような仕組みが欲しくなってきます。このために用意されているのが「関数」です。

　関数というものは、すでに何度か耳にしていますね。そう、Googleスプレッドシートのマクロです。マクロは、「関数」というものとして作成される、と説明をしました。これまでサンプルとして実行してきたhelloも関数ですね。すでに皆さんは関数を利用していたわけです。

　関数の書き方を改めて整理しておきましょう。だいたいこういう形をしています。

【書式】関数の定義

```
function 関数名 ( 引数 ) {
  ……実行する処理……
};
```

　functionの後に関数の名前を記し、その後に( )を用意します。これは「引数（ひきすう）」といって、関数を呼び出すときに必要な値を渡すのに使われます。そしてその後の{ }部分に、この関数で実行する処理を用意します。書き方自体は、それほど難しいものではありませんね。ただ、どういうときにどうやって使えばいいのか、「使い方」がまだよくわからないかもしれません。

関数を利用する

　では、実際に関数を利用してみることにしましょう。関数は、プログラムの中から呼び出して使うこともできます。すでにここまでhelloという関数を定義して使っていますが、これを書き換えて、利用してみることにします。

リスト3-10-1

```
01 function hello() {
02   msg('Taro');              2
03   msg('Hanako');
04 }
05
06 function msg(name) {        1
07   console.log('Hello, ' + name + '!!');
08 };
```

実行ログ

10:38:02	お知らせ	実行開始
10:38:02	デバッグ	Hello, Taro!!
10:38:02	デバッグ	Hello, Hanako!!
10:38:03	お知らせ	実行完了

図 3-10-1　実行すると「Hello, Taro!!」「Hello, Hanako!!」と表示
　　　　　　される

　ここでは、hello関数の他にmsgという関数を用意しています。これまで使って
きたhello関数を書き換え、その後にmsg関数を付け加えればいいでしょう。実
行すると、「Hello, Taro!!」「Hello, Hanako!!」というようにメッセージが
出力されます。

　リスト3-10-1では、msg関数を、hello関数から呼び出して使っています。**1**で
は、function msg(name)というようにmsg関数を定義していますね。( )には
引数として、nameという変数が用意してあります。msg関数を呼び出すときに、
このnameに値を渡してmsg関数内で使えるようにしているのです。

　hello関数の中から、このmsg関数を以下のように呼び出しています（**2**）。

```
msg('Taro');
msg('Hanako');
```

　( )の中に、'Taro'や'Hanako'といった値が用意されていますね。これらの
値が、msg(name)の引数nameに渡されます。msg関数では渡された'Taro'や
'Hanako'を使って処理をします。こんな具合に、引数を使うことで必要な情報を
関数に渡し、それらを使って処理を行えるのです。

　ここでは1つの値しか引数として用意していませんが、複数の値を渡すこともで
きます。この場合は、例えば**1**でmsg(name, mail, tel)というように各変数
をカンマで区切って記述をすれば、3つの引数を渡せるようになります。

値を返す関数

　ここでは、単に処理を実行しているだけですが、関数の中には「結果を返す」ものもあります。例えば、複雑な計算をする関数などは、その計算結果を返さないといけません。関数が返す値を「戻り値（もどりち）」といいます。そして、関数では結果を返すために「return」というものを使います。

【書式】関数から結果を返す

```
return 値;
```

　関数の形でこのように記述すると、そこで関数を抜け出し、関数の呼び出し元に値を返します。例えば、先ほどの**リスト3-10-1**のmsg関数を使ったサンプルを、値を返す形に修正してみましょう。

リスト3-10-2

```
01  function hello() {
02    const taro = msg('Taro');  ······················1
03    const hanako = msg('Hanako');  ··············
04    console.log(taro);  ····························2
05    console.log(hanako);  ·················
06  };
07
08  function msg(name) {
09    return 'Hello, ' + name + '!!';  ·············3
10  };
```

　動作は全く同じですが、msg関数はメッセージのテキストを返すように変わりました（3）。hello関数を見ると、1でconst taro = msg('Taro');というようにmsg関数の戻り値を定数に取り出して2で実行ログに出力しているのがわかります。returnを使うと、こんな具合に結果を返す関数が作れます。

図 3-10-2　関数に渡す引数と、返ってくる戻り値

11 関数は「値」だ！

　関数を利用するとき、頭に入れておきたいのが「関数も、実は値の一種だ」ということです。関数は、「実行する処理の値」なのです。

　例えば、**リスト3-10-2**のサンプルのmsg関数は、以下のように書き換えることができます（この場合、**リスト3-10-2**の2の文を削除しておく必要があります）。

リスト3-11-1

```
01  function hello() {
02    const taro = msg('Taro');  ·····························2
03    const hanako = msg('Hanako');
04  };
05
06  var msg = function(name) {  ·····························1
07    console.log('Hello, ' + name + '!!');
08  };
```

　これでも全く問題なくmsg関数として動作します。1では、msgという変数に関数を代入しています。関数の記述部分は、「function(name)」というように関数名がなくなっていますね。このようにすることで、名前のない関数が作れます。それを、変数msgに代入しているのです。

　こうして関数が代入された変数msgは、そのままmsg('Taro')（2）というようにして呼び出すことができます。変数の後に ( ) を付けて呼び出すと、変数の中にある関数が実行されるんですね！

　この「変数に関数を代入して使う」という書き方は、あまり一般的ではありません（普通は**リスト3-10-2**の書き方をします）。ですから、この「変数に代入する」書き方は忘れてかまいません。

　ただ、実をいえば「関数を値として利用する」ということは、JavaScriptではよくあるのです。ですから、詳しいことはわからなくてもいいので、「関数は値としても使える」ということだけは頭の片隅に入れておいてください。きっと将来、役に立つはずですから。

12 オブジェクトを作ろう

　関数を利用することで、さまざまな処理を処理の内容ごとに切り分けて整理できるようになりました。変数と関数で、データと処理をそれぞれ部品のように用意し利用できるようになったわけです。

　となると、今度は「必要な変数や関数をひとまとめにして扱える機能」が欲しくなってきますね。特定の用途ごとに、必要な値や処理をすべて1つにまとめることができればずいぶんとプログラムもわかりやすくなります。

　これを実現してくれるのが「オブジェクト」です。オブジェクトは、値と処理を1つにまとめたものです。このオブジェクトは、さまざまな形で作成できるようになっています。もっともわかりやすく、またよく使われる書き方は以下のようなものです。

【書式】オブジェクトの作成例

```
変数 = { キー: 値, キー: 値, ……}
```

　「キー」というのは、名前のことと考えていいでしょう。つまり、{ } の中に、名前と値をコロンでつなげて記述していきます。これで、複数の値をひとまとめにしたオブジェクトができます。配列と似ていますが、こちらは番号ではなく名前を使った値を取り出せます。

　実際の利用では、内容が長くなることが多いので、1つ1つを改行して書くようになるでしょう。つまり、こうですね。

```
変数 = {
    キー: 値,
    キー: 値,
    ……
}
```

　「値の組み込み方はわかった。では処理はどうやってオブジェクトに組み込むんだ？」と思った人。処理は、関数を使って組み込みます。皆さん、忘れていませんか。関数も「値」でしたよね。ですから、キーに対する値として、関数を設定しておくことができるのです。このようにオブジェクトにまとめられたテキストや数値のことを「プロパティ」といいます。また、オブジェクトの中にまとめられている関数のことを「メソッド」といいます。

オブジェクトを利用してみる

では、実際にオブジェクトを作成して利用してみましょう。ごく簡単なプロパティとメソッドを持ったオブジェクトを作成し、それを呼び出してみます。

リスト3-12-1

```
01  function hello() {
02    myobj.print();          1
03  };
04
05  const myobj = {           2
06    name: 'Taro',           3
07    mail: 'taro@yamada',
08    print: function() {     4
09      console.log('<< NAME: ' + this.name +
10        ', MAIL: ' + this.mail + ' >>');
11    }
12  };
```

実行ログ

11:34:45	お知らせ	実行開始
11:34:45	情報	<< NAME: Taro, MAIL: taro@yamada >>
11:34:45	お知らせ	実行完了

図 3-12-1　実行すると myobj の内容が表示される

　helloを実行すると、<< NAME: Taro, MAIL: taro@yamada >>とmyobjオブジェクトの内容が表示されます。ここでは、変数myobj（2）にオブジェクトを用意していますね。ここではわかりやすいように1つ1つの値を改行して書いています。オブジェクトはたくさんの情報を記述することが多いので、こんな具合に必要に応じて改行しながら書いていくのが一般的です。

　ここでは、name, mail, printというキーが用意されていますね。nameとmailにはそれぞれテキストの値が設定されています（3）。printには関数が用意されています（4）。つまりこのmyobjというオブジェクトは、「nameとmailというプロパティと、printというメソッド」で構成されていることがわかります。

　hello関数では、この中のprintメソッドを呼び出していますね（1）。これは、myobj.print();というように記述しています。オブジェクト内にあるプロパティやメソッドは、このようにオブジェクトが入っている変数名の後にドットを付けてキー（名前）を記述します。myobj.print();は、myobjオブジェクトの中のprintメソッドを呼び出すものだったのですね。

また4のprintメソッドの中では、nameやmailの値を使うのに「this.name」「this.mail」といった書き方をしています。オブジェクトの中にあるメソッドで、オブジェクト内のプロパティやメソッドを使う場合は、このようにオブジェクト名の代わりに「this」というものを使います。thisは「このオブジェクト自身」を示す特別な値です。

オブジェクトとJSON

このオブジェクトの書き方、どこかで見たことがある人も多いでしょう。これは、「JSON」と呼ばれるデータで使われる書き方です。JSONは「JavaScript Object Notation」の略で、JavaScriptのオブジェクトをテキストとして記述する際のフォーマットです。最近では、複雑な構造を持ったデータをやり取りするのに、このJSONフォーマットが利用されています。

JSONは、Google Apps ScriptやJavaScriptだけでなく、幅広い分野で使われています。ここで書き方を覚えておけば、必ず役に立ちますよ！

13 オブジェクトは
すでに使っている！

「オブジェクトというのがどんなものでどう使うのか、なんとなくわかった。でも、こんな複雑なもの、実際に使うようになるのはずっと先のことだろう」

そう思った人もいるんじゃないですか。けれど、これは違います。オブジェクトは、皆さんが考えるよりもっとずっと身近なものなのです。

例えば、ここまで値を出力するのにこんなものを使っていましたね。

```
console.log('hello');
```

よく見てください。これもオブジェクトですよ。consoleというオブジェクトのlogメソッドを呼び出して使っていたのです。

またマクロでは、var spreadsheet = SpreadsheetApp.getActive();なんて具合にしてスプレッドシートの部品を取り出していましたが、このSpreadsheetAppもオブジェクトです。ここからgetActiveというメソッドを呼び出していたのですね。そして、これで得られるspreadsheetの値もオブジェクトです。スプレッドシートのシートや各セルも、すべてオブジェクトとして用意されています。

オブジェクトは、さまざまなところで使われています。Google Apps Scriptのスクリプトは、「Googleのサービス用に用意されたオブジェクトをいかにうまく使いこなすか」がキモなのです。オブジェクトについての深い知識や理解までは、今すぐ身につけることはできないかもしれません。けれど、「オブジェクトはどうやって使えばいいか」だけは、ここでしっかり理解しておいてください。

オブジェクトが覚えきれない！

次のChapter 4から、怒涛のようにオブジェクトが登場してきます。オブジェクトの使い方さえわかっていれば、この先の説明もきちんと理解できるはずです。けれど、そうなると「次から次へ新しいオブジェクトが出てきて、とても覚えられない！」という人もきっと出てくるでしょう。

本書では、出てきたオブジェクトは名前をきちんと書いて説明します。が、あらかじめいっておきますが、実は「オブジェクトの名前」なんて別に覚えなくてもいいのです。名前をきちんと覚えなくとも、それがどういう働きをするもので、そこにあるどんなメソッドを利用するのか、それさえわかっていれば何も問題はありません。

オブジェクトは、「正確に深く理解すること」よりも、まずは「使えるようになること」のほうが遥かに重要です。もちろん、いずれオブジェクトというものを深く理解できるようになれば素晴らしいことですが、それは「今すぐやるべきこと」ではありません。

これから先の説明は、オブジェクトの名前を暗記する暇があったら「どんなメソッドがあって、どう使うのか」をまず理解するようにしてください。メソッドさえわかれば、オブジェクトは使えるようになります。使えるようになれば、オブジェクトは必ず理解できます。今すぐではないとしても、必ず。

基礎は、繰り返し読んで覚えよう

以上、Google Apps Scriptの基礎文法について簡単にまとめました。全体として「サラッとまとめた」ものですから、中には「今一つよくわからない」という人も多いはずです。

こうした基礎文法は、一度説明を読んだからといって覚えられるわけではありません。それよりも、実際にそれらを使ったスクリプトを書いて動かすことで覚えていくものです。ですから、これから先、スクリプトをどんどん書いて動かせば、基礎文法などすぐに覚えて使えるようになります。逆にいえば、ただ説明を読んだだけで実際にスクリプトを書かなければ、使えるようにはなりません。

まだよくわからない人も、とにかく次の章に進んでさまざまなスクリプトを読み、書き、動かしてください。そうすれば、自然と基礎文法は身につくはずから心配は無用ですよ！

Chapter 4

スプレッドシートを操作しよう

この章のポイント
- アプリ本体、スプレッドシート、シートのオブジェクトを覚えよう
- セルを扱うための「Range」の使い方をマスターしよう
- カラーや罫線などの設定を行うメソッドを使いこなそう

01 スプレッドシートの オブジェクト

　さて、Google Apps Scriptの基本的な文法が頭に入ったところで、「スクリプトでGoogleスプレッドシートを操作する」方法を基礎からしっかり理解していくことにしましょう。

　Googleスプレッドシートには、アプリ内のさまざまな要素が「オブジェクト」として用意されています。オブジェクト、どういうものか覚えていますか？　オブジェクトには、プロパティやメソッドといったものが入っていて、これらを呼び出して操作するんでしたね。

　Googleスプレッドシートには、「アプリ本体」「シート」「セル（レンジ）」といったものを扱うためのオブジェクトが用意されています。これらのオブジェクトの使い方を覚えることが、Googleスプレッドシート操作の基本といえます。では、以下にこれらの基本的なオブジェクトやメソッドについて整理していきましょう。

● スプレッドシートのアプリ本体

```
SpreadsheetApp
```

　Googleスプレッドシートのアプリ本体は「SpreadsheetApp」というオブジェクトとして用意されています。この中からメソッドを呼び出して、その他のオブジェクトを取り出します。

● アクティブなスプレッドシート

```
変数 = SpreadsheetApp.getActive();
```

　スプレッドシートは、複数のファイルを開いて操作できます。まずは、このマクロが使われているスプレッドシートのオブジェクト（Spreadsheetというオブジェクト）を取り出す必要があります。

　これは、SpreadsheetAppオブジェクトの「getActive」メソッドを使います。これは、アクティブなスプレッドシート（つまり、現在選択されていて使われているもの）のオブジェクトを取り出します。

　マクロを実行するときは、必ずそのマクロを実行するスプレッドシートが選択されていますから、getActiveでオブジェクトを取り出せば必ず使っているスプ

レッドシートのオブジェクトが得られます。

● **アクティブなシート**

```
変数 =《Spreadsheet》.getActiveSheet();
```

スプレッドシートは、いくつものシートを持っています。アクティブなシート（現在、使われているもの）は、Spreadsheetオブジェクトの「getActiveSheet」メソッドで取り出すことができます。これで得られるのは「Sheet」というオブジェクトです。なお、ここ以降で《 》で囲んでいる部分はオブジェクトを示しています。《Spreadsheet》であれば、Spreadsheetのオブジェクト、という意味です。

● **アクティブなセル（レンジ）**

```
変数 =《Spreadsheet/Sheet》.getActiveCell();
```

セルのオブジェクトを取り出す方法は、さまざまなメソッドが用意されています。まず最初に覚えておくべきは、「現在、選択されているセル」のオブジェクト（レンジというものです。後ほど説明します）を取り出す方法です。これは、Spreadsheetオブジェクトの「getActiveCell」というメソッドを使います。これで、選択されたセルを扱うオブジェクトを取り出し、操作できます。
このgetActiveCellは、Sheetだけでなく、Spreadsheetにも用意されており、どちらからでもセルを取り出すことができます。

💡 セルの値の利用

セルの値は、セル操作のためのオブジェクトにある「getValue」「setValue」といったメソッドでやり取りすることができます。これらは以下のように利用します。

【書式】オブジェクトの取得と設定

```
変数 = オブジェクト.getValue();  //オブジェクトの値を変数に代入する
オブジェクト.setValue( 値 );  //オブジェクトに指定した値を設定する
```

これで「スプレッドシートアプリ」「スプレッドシート」「シート」「セル」といった

基本的なオブジェクトを取り出す方法がわかりました。といっても、現段階では取り出せるのは「アクティブなもの（選択されているもの）」だけです。まずは、基本である「アクティブなもの」を取り出して操作できるようになりましょう。

 セルの値を変更する

では、実際にこれらのオブジェクトを使ってみましょう。Chapter 3で使ったGoogle スプレッドシートのファイルを開いてください。章ごとにファイルを分けて整理したい人は、「ファイル」メニューから「コピーを作成」を選ぶとファイルをコピーできます。

マクロを記録したマクロ.gs ファイルには、macro1〜macro3の関数が書いてありましたね。このmacro3関数を書き換えて使うことにしましょう。以下のように内容を変更してください。

リスト4-1-1

```
01  function macro3() {
02    const spreadsheet = SpreadsheetApp.getActive();
03    const sheet = spreadsheet.getActiveSheet();
04    const cell = sheet.getActiveCell();
05    cell.setValue('★HERE!!★');
06  };
```

図 4-1-1　macro3 を実行すると、選択されていたセルに「★HERE!!★」と表示される

Google スプレッドシートに切り替え、適当なセルを選択してから「ツール」メニューの「マクロ」内にある「macro3」メニューを選んでマクロを実行してみましょう。「macro3」が表示されない場合は再度インポートしてください。すると、選択

したセルに「★HERE!!★」と表示されます。

　ここではSpreadsheetAppからSpreadsheetオブジェクトを取り出し、そこからSheetオブジェクトを取り出し、そこからさらに選択されているセルのオブジェクトを取り出してsetValueしています。
　やっていることを順に整理してみましょう。

```
1.スプレッドシートのオブジェクトを得る
  const spreadsheet = SpreadsheetApp.getActive();

2.開いているシートのオブジェクトを得る
  const sheet = spreadsheet.getActiveSheet();

3.選択されているセルのオブジェクトを得る
  const cell = sheet.getActiveCell();

4.オブジェクトの値を設定する
  cell.setValue('★HERE!!★');
```

　このように、「スプレッドシート」「シート」「セル」は、スプレッドシート操作の基本なのです。

セルのオブジェクトは「Range」

　ここではgetActiveCellでセルのオブジェクトを取り出して利用しました。が、「取り出されるのは何というオブジェクトか」については曖昧なままでした。
　実をいえば、セルのオブジェクトというのは、ないのです。getActiveCellで得られるのは、セルのオブジェクトではなく「レンジ（Range）」と呼ばれるオブジェクトです。これは、シートの範囲内のセルをグループとして扱うためのオブジェクトです。getActiveCellで得られるのは、「選択されているセル」ではなくて、「選択されているセルの範囲のグループ」を扱うオブジェクトだったのです。
　このレンジは、セルを操作するような感覚で使えるように設計されていますので、「レンジ＝セルのこと」と考えてしまっても大丈夫です。ただし、レンジは複数のセルをまとめて扱うようにできているので、「レンジ＝1つのセル」とは考えないようにしましょう。

02 指定したセルを操作しよう

　セルの位置を指定してオブジェクトを取り出すこともできます。これは「getRange」というメソッドを使います。

【書式】セルの名前や行の名前でオブジェクトを取得する

```
変数 =《Spreadsheet/Sheet》.getRange( セルの名前 );
変数 =《Sheet》.getRange( 行番号 , 列番号 );
```

　getRangeは、引数でセルを指定すると、そのセルのオブジェクトを取り出して返します。引数はChapter 1やChapter 3で登場しましたね。Chapter 3では、関数に値を渡すためのものでした (P.080)。ここではgetRangeというメソッドに引数を設定しています。このようにメソッドにも引数で値を渡すことができます。getRangeの引数は、セルの名前を指定する方法と、縦横の位置 (何行目、何列目か) を数字で指定する方法があります。例えば、左上の**A1**セルを取り出す場合は、以下のような2つの方法があります。

```
getRange("A1")  //A1セルのオブジェクトを取得する(名前を指定)
getRange(1, 1)  //1行目1列目のオブジェクトを取得する(縦横の位置を指定)
```

　どちらでも同じように取り出せます。では、実際にセルを指定して値を設定するサンプルを作成してみましょう。

リスト4-2-1

```
01  function macro3() {
02    const spreadsheet = SpreadsheetApp.getActive();
03    const sheet = spreadsheet.getActiveSheet();
04    var cell = sheet.getRange('A1');          ············1
05    cell.setValue('★HERE!!★');
06    cell = sheet.getRange(2, 2);              ············2
07    cell.setValue('★HERE!!★');
08  };
```

図 4-2-1
A1 セルと **B2** セルに値を設定する

　これを実行すると、**A1** セルと **B2** セルに「★HERE!!★」とテキストを表示します。すでにセルの中に値があった場合は上書きしてしまうので、あらかじめこれらのセルを空にしておくか、新しいシートを作って試してください。

　ここでは、**A1** セルと **B2** セルを取り出すのに getRange('A1')（**1**）あるいは getRange(2, 2)（**2**）と実行しています。こうやってセルを特定してオブジェクトを取り出し、setValue すれば特定のセルの値を操作できます。

Spreadsheet の getRange には注意！

　先に getActiveCell メソッドを説明したとき（P.091）、これは Spreadsheet と Sheet の両方に用意されている、といいました。では、getRange はどうでしょうか？　実はこのメソッドも Spreadsheet と Sheet の両方に用意されています。ただし、Spreadsheet では、引数の書き方が Sheet とは違っています。こんな具合に書くのです。

Spreadsheet での getRange の書き方

```
getRange( "シート!セル" )
```

　例えば、「シート1」の **A1** セルならば、"シート1!A1" と指定をします。シート名から指定しなければうまくセルを取り出せないので注意しましょう。
　また、行と列の番号を指定する方式は、Spreadsheet では使えません。使えるのは、セルの名前を指定するやり方のみです。

---

03 複数セルを操作しよう

　getRangeで得られるのは、セルの範囲をグループとして扱う「Range」オブジェクトです（getActiveCellでも使われていましたね。P.093参照）。ということは、1つのセルだけでなく、複数のセルをまとめて取り出すこともできるんでしょうか。

　これは、もちろんできます。以下のように引数を指定することで、複数のセルの範囲を取り出せます。

【書式】行番号、列番号を指定して複数セルのオブジェクトを取得する

```
getRange( 行番号 , 列番号 , 行数 )  //開始行、開始列、取得する行数を指定
getRange( 行番号 , 列番号 , 行数 , 列数 )  //開始行、開始列、取得する行数と
   列数を指定
```

　スプレッドシートでは、列単位で「〇〇行目から××行目まで」というように値を取り出すことが多いものです。例えば、（この後でサンプルを作りますが）「A列には支店名」「B列には売上」というようにして表を作成し、「売上（B列）の1〜10行のデータを取り出す」というような使い方をすることがよくあるのです。

　そこでgetRangeでは最後の列数を省略して行数だけ指定することもできるようになっています。例えば、getRange(1, 1, 10)とすれば、**A1**セルから縦に10行分の範囲を示すRangeオブジェクトが取り出せます。複数の列を指定したい場合は、さらにその後に4番目の引数として列数を用意します。

ॏ 複数セルの値は？

　では、複数のセルの値を操作したいときはどうするのでしょうか。getValue/setValueでできるのでしょうか。

　これは、できません。getValue/setValueは、基本的に「選択範囲を1つのセルとして扱うためのもの」です。複数セルを範囲指定した場合、getValueではそれらの左上のセルの値だけしか取り出せませんし、setValueすると全セルを同じ値に設定してしまいます。

　複数のセルの値を個々に取り出したいときは、「getValues」「setValues」というメソッドを使います（Valuesというように複数形になっています）。使い方はgetValue/setValueと同じですが、値の形が少し違っています。複数セルの値をまとめてやり取りするわけですから、値も同じように複数用意しなければいけません。

複数セルを指定するRangeオブジェクトでは、配列 (P.077) を使って値を管理します。各行ごとの値を配列にまとめたものを使うのです。では、各行ごとの値というのはどうやって？　これも、やっぱり配列を使います。つまり、「行ごとの値をまとめた配列をさらに1つにまとめた配列」として用意されるのです。

例えば、**A1**〜**C3**の範囲を示すRangeの値は、こんな形になります。

各行の値ごとに改行して書くと、だいぶわかりやすくなりますね。1行1行の値が配列になっていて、それ

```
[
  [ "A1の値", "B1の値", "C1の値" ],
  [ "A2の値", "B2の値", "C2の値" ],
  [ "A3の値", "B3の値", "C3の値" ]
]
```

らがさらに大きな配列の中にまとめられていることがよくわかるでしょう。こうやって多数のセルの値を1つにまとめているのです。

このように、「配列の中にさらに配列が入っているもの」のことを「2次元配列」と呼びます。

複数セルにデータを設定する

では、これも利用例をあげておきましょう。**A1**〜**B5**の範囲にデータを設定してみます。macro3関数を書き直して実行してみてください。

リスト4-3-1

```
01  function macro3() {
02    const spreadsheet = SpreadsheetApp.getActive();
03    const sheet = spreadsheet.getActiveSheet();
04    var cell = sheet.getRange(1, 1, 5, 2);
05    cell.setValues([
06      ['東京',1230],
07      ['大阪',980],
08      ['名古屋',760],
09      ['札幌',540],
10      ['仙台', 320]
11    ]);
12  };
```

実行すると、**A1**から**B5**の範囲に都市名と数値のデータが書き出されます。1つ1つのセルに値を設定していくよりも、全体の値を一括して設定したほうが処理は簡単になります。問題は、データとなる2次元配列をきちんと作れるかどうか、ですね。それさえ問題なく用意できれば、複数セルの値設定は決して難しくはありません。

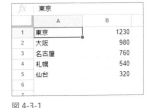

図 4-3-1
A1〜**B5**の範囲にデータを設定する

04 フォントサイズとスタイル

セルに用意されているメソッドは、値を操作するものだけではありません。セルには、さまざまな設定が用意されており、それらを操作するためのメソッドも色々と用意されています。

まずは、テキストのフォントについてです。セルに表示されているテキストの表示は、Rangeオブジェクトのメソッドを使って簡単に変更できます。基本的なフォント関係のメソッドを以下にまとめておきましょう。

【書式】フォントの種類

```
変数 =《Range》.getFontFamily();
《Range》.setFontFamily( フォント名 );
```

【書式】フォントサイズ

```
変数 =《Range》.getFontSize();
《Range》.setFontSize( 整数 );
```

【書式】ボールドの指定

```
変数 =《Range》.getFontWeight();
《Range》.setFontWeight( ボールド名 );
```

【書式】イタリックの指定

```
変数 =《Range》.getFontStyle();
《Range》.setFontStyle( スタイル名 );
```

【書式】テキストのライン表示

```
変数 =《Range》.getFontLine();
《Range》.setFontLine( ライン名 );
```

フォント名	フォントファミリーの名前
ボールド名	"normal", "bold"のいずれか
スタイル名	"normal", "italic"のいずれか
ライン名	"none", "underline", "line-through"のいずれか

これでセルのテキストの表示を設定できるようになるでしょう。フォントサイズを操作するgetFontSize/setFontSizeについては整数の値を使いますが、それ以外はすべてテキストの値を使います。

💡 セルのフォントサイズとボールド指定を変更する

　では、実際の利用例をあげておきましょう。ここではフォントサイズとボールドの指定を操作してみます。macro3関数を以下のように書き換えてください。

リスト4-4-1

```
01  function macro3() {
02    const spreadsheet = SpreadsheetApp.getActive();
03    const sheet = spreadsheet.getActiveSheet();
04    var cell = sheet.getRange(1, 1, 5, 2);
05    cell.setFontSize(12);  ·····················1
06    cell = sheet.getRange(1, 1, 5, 1);
07    cell.setFontWeight('bold');  ·····················2
08  };
```

fx	東京	
	A	B
1	**東京**	1230
2	**大阪**	980
3	**名古屋**	760
4	**札幌**	540
5	**仙台**	320
6		
7		

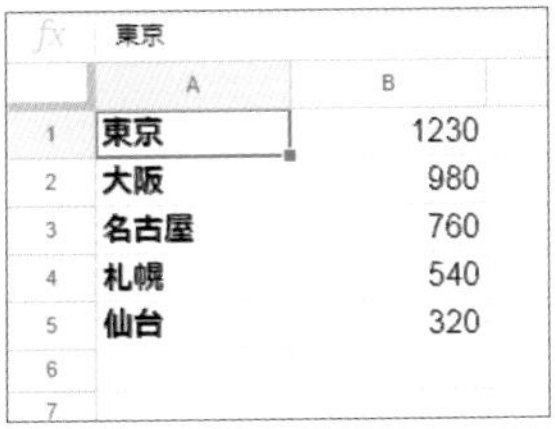

図 4-4-1
セルのフォントサイズを 12 に、ボールドを ON にする

　セルを選択してマクロを実行すると、**A1〜B5**セルのフォントサイズが12になり、**A**列のセルだけボールド表示に変わります。ここでフォントサイズとボールドの設定を行っている部分（**1**と**2**）を見てみましょう。

```
cell.setFontSize(12);
cell.setFontWeight('bold');
```

　cellに取り出しているRangeの範囲は異なりますが、このようにRangeのメソッドを呼び出すことでセルのテキスト表示が変更されることがわかりますね。

05 セルのカラーを設定しよう

　続いて、「色」に関するものを使ってみましょう。Rangeには、背景色とテキストカラーのためのメソッドが用意されています。以下にまとめておきましょう。

【書式】テキストカラーの設定

```
《Range》.setFontColor( 色 );
《Range》.setFontColors( 色 );
```

【書式】背景色の設定

```
《Range》.setBackground( 色 );
《Range》.setBackgrounds( 色 );
```

　それぞれ似たようなものが2つずつありますが、最後に「s」がついているのは複数セル用に2次元配列で値を設定するためのものです。sがついていないのは1つの値だけを使います。

セルのカラーを操作する

　では、これらを使って実際にセルのカラーを変更してみましょう。macro3関数を以下のように書き換えてください。

リスト4-5-1

```
01  function macro3() {
02    const spreadsheet = SpreadsheetApp.getActive();
03    const sheet = spreadsheet.getActiveSheet();
04    var cellA = sheet.getRange(1, 1, 5);
05    cellA.setFontColor('white'); ·····················1
06    cellA.setBackground('blue'); ·············
07  };
```

	A	B
1	東京	1230
2	大阪	980
3	名古屋	760
4	札幌	540
5	仙台	320
6		

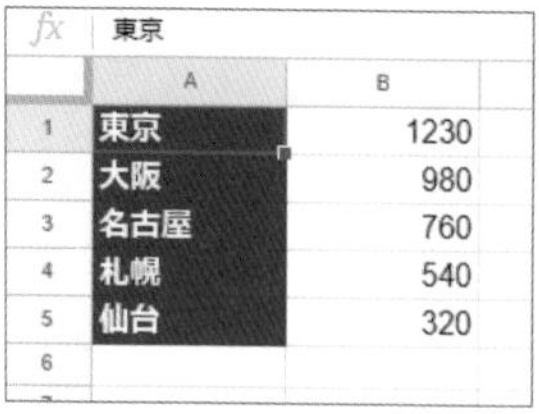

図4-5-1
実行するとA1〜A5のテキストカラーと背景色が変更される

これを実行すると、先ほど作成したデータの**A1〜A5**セルの部分が青い背景に白文字に変わります。ここではgetRangeで範囲を取り出した後、■のようにして色を変更しています。

```
cellA.setFontColor('white');
cellA.setBackground('blue');
```

　色の値は、'white'というように色名をテキストで指定するだけです。これで主な色は変更できます。微妙な色合いを表現したいときは、"#FFFFFF"というように、2桁の16進数3つをつなげてRGBの各色の輝度を指定します。

　これは、HTMLのスタイルシートなどで用いられている書き方なので、見たことがある人も多いでしょう。例えば赤ならば"#FF0000"、青ならば"#0000FF"とすればいいわけですね。

　なお、ここでは複数のセルの値を設定しているのに「setFontColor」とsがついていないメソッドを使っています。こうすると、選択したすべてのセルをまとめて同じ値に設定できます。

カラーは名前も使える！

　ここでは16進数の値を使ったカラーの指定について説明をしましたが、実はカラーは「名前」で指定することもできます。例えば、setFontColor("red")とすれば、テキストを赤くすることができます。

　setFontColor/setBackgroundの値は、スタイルシートで使われている色の値です。スタイルシートには、さまざまな名前で色の値が用意されており、それらを利用すれば、わかりにくい16進数を使わずに思った色に変更できます。

　用意されている色名は非常にたくさんあります。どんなものが用意されているか、それぞれで調べてみましょう。

・**スタイルシートの色値について**
https://developer.mozilla.org/ja/docs/Web/CSS/color_value

06 罫線を表示するには？

セルには、罫線を表示させることができます。これも専用のメソッドが用意されています。「setBorder」というものですが、引数が非常に多いので注意が必要です。

【書式】罫線を表示する

```
《Range》.setBorder( 左, 下, 右, 上, 垂直, 水平, 色, 種類 );
```

　左、下、右、上、垂直、水平の6つは、セルの周辺とセル間の縦横の罫線を表示するかどうかを指定するものです。これらはすべて真偽値を使います。trueにすれば罫線が表示され、falseならば表示されません。

　その後の「色」は罫線の色を指定します。最後の「種類」は、SpreadsheetApp の中にあるBorderStyleというオブジェクトのプロパティを使って設定します。ここには以下のプロパティが用意されています。

プロパティ	設定内容
DOTTED	点線
DASHED	破線
SOLID	デフォルトの直線
SOLID_MEDIUM	やや太めの直線
SOLID_THICK	太い直線
DOUBLE	二重線

　これらを指定することで、罫線の種類が設定できます。色と種類は、省略することもできます。この場合は黒とSOLIDがデフォルト値として使われます。

セルに罫線を表示する

　では、これも実際に試してみましょう。macro3を以下のように書き換えて実行してください。

リスト4-6-1

```
01  function macro3() {
02    const spreadsheet = SpreadsheetApp.getActive();
03    const sheet = spreadsheet.getActiveSheet();
04    var cell = sheet.getRange(1, 1, 5, 2);
05    cell.setBorder(true, true, true, true, null, null, 'black', →
        SpreadsheetApp.BorderStyle.DOUBLE);   ············1
06    var cellA = sheet.getRange(1, 1, 5, 1);
07    cellA.setBorder(null, null, null, null, null, true, '#cccccc', →
        SpreadsheetApp.BorderStyle.SOLID);   ············2
08    var cellB = sheet.getRange(1, 2, 5, 1);
09    cellB.setBorder(null, null, null, null, true, true, '#666666', →
        SpreadsheetApp.BorderStyle.SOLID);   ············3
10  };
```

	A	B
1	東京	1230
2	大阪	980
3	名古屋	760
4	札幌	540
5	仙台	320
6		
7		

図 4-6-1
A1 ～ B5 までのセルに罫線を表示する

　ここでは、**A1～B5**のデータ部分を二重線の罫線で囲み（**1**）、内部を細い直線の罫線で仕切りました（**2**、**3**）。**A**列側は青い背景でもよくわかるよう白っぽい色で引いてあります（**2**）。

　ここでは、全部で3回、setBorderで罫線を設定しています。上下左右と水平垂直の罫線の引数を見ると、true/false以外に「null」という値が使われていることに気がつくでしょう。

　nullは、「何もない状態」を表す特別な値です。setBorderの引数でnullを指定すると、その部分は「何もしない」ようになります。すでにそこに罫線が設定されている場合は、そのまま何も変更しません。

　このnullをうまく使うことで、同じセルに複数回setBorderを呼び出し、種類や色の異なる罫線を表示できるようになります。

07 フォーマットを設定する

　数値を表示するセルでは、どういう形式で表示するかも重要になります。例えばドルの値ならば「$1,234.00」というように小数点以下2桁まで数字を表示させますし、日本円なら「¥1,234」と小数点以下は表示しないでしょう。

　こうした数値の形式は「フォーマット」と呼ばれるもので設定されます。フォーマットは、特殊な記号を組み合わせたテキストとして表現されます。それをRangeの「setNumberFormat」というメソッドで設定することで、指定の形式でテキストが表示されるようになるのです。このメソッドは以下のように呼び出します。

【書式】フォーマットを設定する

```
《Range》.setNumberFormat( フォーマット );
```

　問題は、フォーマットをどのように指定するか、ですね。これには、フォーマットで利用できる記号の働きなどを覚える必要があります。ここでは、最低限知っておきたい記号についてかんたんに触れておきましょう。

記号	設定内容
#	任意の値を表します。その桁の値がなければ表示されません
0	任意の値を表します。必ずその桁を表示します
,（カンマ）	桁の区切り文字を表します
.（ピリオド）	小数点を表します

　これらの記号を組み合わせてフォーマットの値を作成します。この中でわかりにくいのは#と0の違いでしょう。例えば、「123」という数字をフォーマットして表示することを考えてみましょう。

設定	表示結果
'0000.00'	0123.00
'####.##'	123

0は、その桁に数字がなくとも必ず0を表示します。#は、その桁に数字がない場合は何も表示しません。これらに加えて、桁区切りのカンマや小数点のドットを追加していけば、基本的なフォーマットは作れるようになります。

数値のフォーマットを設定する

では、B列に表示されている数値のフォーマットをマクロで設定してみましょう。macro3を以下のように書き換えてください。

リスト4-7-1

```
01  function macro3() {
02    const spreadsheet = SpreadsheetApp.getActive();
03    const sheet = spreadsheet.getActiveSheet();
04    var cell = sheet.getRange(1, 2, 5, 1);
05    cell.setNumberFormat("¥#,###.0");  ·················1
06  };
```

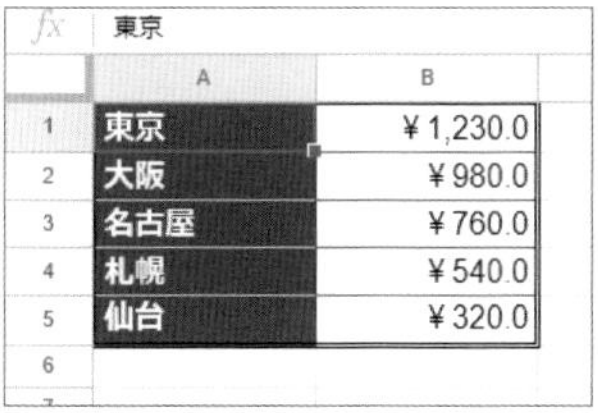

図4-7-1
B列のセルにフォーマットを設定する

　実行すると、「1230」といった値が「¥1,230.0」と表示されるようになります。フォーマットが設定されたのがわかるでしょう。ここでは、1で"¥#,###.0"というようにフォーマットを指定してあります。最初の¥は、ただの文字です。フォーマットでは、こんな具合にフォーマット用の記号以外のテキストを含めることもできます（例えば最後に「円」と表示させるなど）。

08 セルに式を指定する

セルには、数値やテキストだけでなく、式や組み込み関数（もとからGoogleスプレッドシートに用意されている関数）などを設定することもできます。こうした式は「フォーミュラ」と呼ばれます。

セルに式（フォーミュラ）を設定する場合は、Rangeオブジェクトの「setFormula」というメソッドを使います。これは、引数に式のテキストとして用意することで、そのセルに式を設定します。

【書式】セルに式を指定する

```
《Range》.setFormula( 式 );
```

使い方そのものは非常に単純ですね。では、これも利用例を上げましょう。**B**列の合計を**B7**セルに表示するように式を設定しています。macro3を以下に書き換えて実行してください。

リスト4-8-1

```
01  function macro3() {
02    const spreadsheet = SpreadsheetApp.getActive();
03    const sheet = spreadsheet.getActiveSheet();
04    sheet.getRange('A7').setValue('total');
05    sheet.getRange('B7').setFormula('=SUM(B1:B5)');  ·····················1
06  };
```

図 4-8-1
B7 セルに、**B** 列の合計を表示する

実行すると、**B7**セルに合計が表示されるようになります。ここでは、**1**で`'=SUM(B1:B5)'`というテキストを式として**B7**セルに設定しています。SUMというのは、Chapter 1で使いましたね。指定した範囲のセルの合計を計算する関数でした。ここでは、**B1**〜**B5**までの合計をSUM関数で計算していたのですね。

こんな具合に、setFormulaではGoogleスプレッドシートのセルで使える関数類をそのまま利用することができます。

ValueとFormula

セルに式を設定するのにsetFormulaを使う、と説明したとき、「setValueじゃダメなのか?」と思った人も多いかもしれません。実際にやってみればわかりますが、実はsetValueで式のテキストを設定してもちゃんと認識します。

では、どっちも同じなのか? というとそういうわけでもありません。わかりやすいのは、値を取り出すgetValueとgetFormulaの違いでしょう。getFormulaでは、設定した式のテキストが得られます。先ほどのサンプルならば、**B7**セルからは'=SUM(B1;B5)'というテキストが得られます。が、getValueでは、式で計算した結果 (**B1**〜**B5**セルの合計) が得られます。明らかに両者は違う働きをするのです。

Valueは、あくまで「セルに表示されている値」であるのに対し、Formulaは「セルに設定されている式」です。扱う対象が違うのだ、ということをよく理解しましょう。

Googleスプレッドシートの組み込み関数

setFormulaで使えるGoogleスプレッドシートの組み込み関数には、以下のようなものがあります。代表的なものだけをまとめています。

関数	使い方	説明
SUM	SUM(範囲)	指定された範囲の値を合計する
SUMIF	SUMIF(範囲 , 条件 , 合計範囲)	範囲内の条件に一致するセルの値を合計する
AVERAGE	AVERAGE(範囲)	データセット内の値の平均値を計算する
COUNT	COUNT(値 1 , [値 2 , ...])	データセット内の数値の個数を数える
COUNTA	COUNTA(値 1 , [値 2 , ...])	データセット内の値の個数を数える
COUNTIF	COUNTIF(範囲 , 条件)	範囲内で条件に一致するセルの個数を数える
COUNTBLANK	COUNTBLANK(範囲)	指定した範囲に含まれる空白セルの個数を数える
ROUND	ROUND(値 , 桁数)	指定した小数点以下の桁数に四捨五入する
ROUNDDOWN	ROUNDDOWN(値 , 桁数)	指定した小数点以下の桁数に切り捨てる
ROUNDUP	ROUNDUP(値 , 桁数)	指定した小数点以下の桁数に切り上げる

09 グラフを作る

　シートにはデータだけでなくグラフを作成し表示することもできます。これも、もちろんGoogle Apps Scriptを使いスクリプトで作成できます。ただし、グラフの作成には細々とした設定を行う必要があるため、いくつもの面倒な処理を実行していくことになります。

　グラフは、「EmbeddedChart」というオブジェクトとして用意されています。これを作成してシートに組み込めば、グラフを表示させることができます。このEmbeddedChartの作成は、Sheetにある「newChart」というメソッドで行います。

　ただし！　このnewChartは、実はEmbeddedChartオブジェクトを作るものではありません。「EmbeddedChartBuilder」といって、EmbeddedChartを作成するための専用オブジェクトを作るものなのです。newChartで作ったChartBuilderから、グラフに関する細々としたメソッドを呼び出して必要な設定を行い、最後に「build」というメソッドでEmbeddedChartオブジェクトを生成するようになっています。

　けっこう複雑なので、「EmbeddedChartオブジェクトを作成する上で必要最低限の処理」をまとめておきましょう。

グラフを作るための処理

```
変数 = sheet.newChart()
  .as○○Chart() //グラフの種類を指定
  .addRange( データの範囲 )
  .setPosition( 表示位置 )
  ……必要な設定のためのメソッドを呼び出す……
  .build();
```

　こんな形になります。newChartでEmbeddedChartBuilderオブジェクトを作成した後、2行目以降で次々と連続してメソッドを呼び出していますね。これは「メソッドチェーン」という書き方で、EmbeddedChartBuilderではこのようにグラフ設定のためのメソッドを連続して呼び出していくことで、必要な設定を行うようになっています。そして、設定関係のメソッドの呼び出しをすべて行ったら、最後にbuildを呼び出すと、それまで呼び出したメソッドの設定をもとにEmbeddedChartオブジェクトが作られる、というわけです。

　では各メソッドについて説明しましょう。

● as○○Chartでグラフの種類を指定

最初に「as ○○ Chart」というメソッドを呼び出していますが、これは作成するグラフの種類を設定するものです。グラフの種類ごとにメソッドが用意されているのですね。主なグラフのメソッドは以下のようになります。

メソッド	作成されるグラフ
asBarChart	バーチャート (横長の棒グラフ)
asColumnChart	カラムチャート (縦長の棒グラフ)
asLineChart	ラインチャート (折れ線グラフ)
asAreaChart	エリアチャート (内部を塗りつぶした折れ線グラフ)
asPieChart	パイチャート (円グラフ)

これらの中から作成したいグラフの種類のメソッドを呼び出します。引数はなく、ただ呼び出すだけでOKです。

● addRange (データの範囲)

続いて、グラフで使用するデータの範囲を設定します。これは、Rangeオブジェクトを使います。このaddRangeは、複数回呼び出すこともできます。つまり、いくつかに分かれて書かれているデータをすべてaddRangeしてひとまとめにしてグラフ化することもできるのです。

● setPosition (表示位置)

グラフの表示位置を指定します。これは、4つの引数を使います。その内容を整理すると以下のようになります。

【書式】グラフの表示位置の指定

```
setPosition( 行番号 , 列番号 , 横方向のオフセット , 縦方向のオフセット )
```

最初の2つの引数 (行番号と列番号) で、グラフを追加するセルを指定します。そして後の2つで、その場所から横縦にどれだけ位置をずらすかをドット数で指定します。例えば、(1, 1, 10, 10)とすると、**A1**セルから右下に10ドットずつ離れた場所にグラフが配置されるわけです。

作成したChartの組み込み

これでEmbeddedChartオブジェクトが作成できました。が、まだこれだけでは画面にグラフは表示されません。最後に、作成したEmbeddedChartをSheetに組み込む作業が必要です。これは、Sheetの「insertChart」メソッドを使います。

【書式】SheetにEmbeddedChartを組み込む

```
《Sheet》.insertChart(《Chart》);
```

引数に、作成したEmbeddedChartオブジェクトを指定します。これでシートにグラフが組み込まれ、表示されるようになります。

バーチャートを作成する

実際にシートのデータをもとにグラフを生成してみましょう。ここではバーチャート（横長の棒グラフ）を作成してみます。ここまでサンプルを実行して作られたデータ（**リスト4-8-1**で出力されたもの）をベースにグラフを作成しましょう。

では、macro3関数を書き換え実行してください。

リスト4-9-1

```
01 function macro3() {
02   const spreadsheet = SpreadsheetApp.getActive();
03   const sheet = spreadsheet.getActiveSheet();
04   const cell = sheet.getRange(1, 1, 5, 2);
05   var chart = sheet.newChart()                          ■1
06     .asBarChart()
07     .addRange(cell)
08     .setPosition(10, 1, 10, 10)
09     .setOption('height', 300)                          ■2
10     .setOption('width', 400)
11     .build();
12   sheet.insertChart(chart);
13 };
```

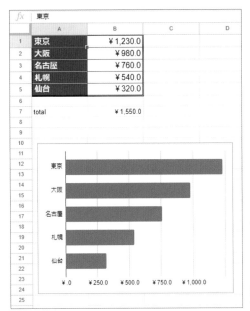

図 4-9-1
シートのデータをもとにバーチャートを作る

実行すると、シートの**A10**セルの位置にバーチャートが作成されます。**1**の
newChartから、呼び出しているメソッドを順に見て確認していってください。先
ほど説明した基本的なメソッドでグラフが設定されていることがわかるでしょう。

それ以外のものとして、**2**では「グラフの縦横幅」を設定するメソッドを呼び出
しています。それが以下のものです。

```
.setOption('height', 300)
.setOption('width', 400)
```

この「setOption」というメソッドは、メソッドとして用意されていない細かな
設定を行う際に使われます。1つ目の引数に設定する項目の名前を指定し、2つ目
に設定する値を指定します。ここでは、'height'に300、'width'に400の値
を設定しています。これにより、高さ300、幅400の大きさでグラフが表示される
ようになります。

10 作成したグラフを更新する

すでにシート上に配置されているグラフの表示を後から修正したいこともあります。このような場合は、まず配置したチャートのEmbeddedChartオブジェクトを取得し、その内容を修正して再びbuildし、シートのEmbeddedChartを更新する、といった作業が必要です。順に説明しましょう。

1. 配置したグラフのEmbeddedChartオブジェクトを得る

グラフは、シートに組み込まれており、シートごとに管理されています。シートに組み込まれているグラフは、「getCharts」というメソッドで得ることができます。

```
変数 =《Sheet》.getCharts();
```

このメソッドは、Sheetに組み込まれているすべてのEmbeddedChartを配列で返します。ここから、操作したいEmbeddedChartを取り出して処理をしていきます。

2. EmbeddedChartの設定を変更する

取得したEmbeddedChartのメソッドを呼び出して設定を変更していき、最後にまたbuildでEmbeddedChartオブジェクトを生成します。これらの処理の流れはざっと以下のようになります。

```
変数 =《EmbeddedChart》.modify()
    .set○○で設定変更
    .build();
```

グラフを新規作成するときと異なり、まず「modify」というメソッドを呼び出して、EmbeddedChartオブジェクトの修正を開始します。そして、set○○という設定のためのメソッドを次々に呼び出していきます。そしてすべての設定変更が終わったら、buildで新たにEmbeddedChartオブジェクトを生成します。

3. Sheetのグラフを更新する

最後に、新たに生成したEmbeddedChartにSheetのグラフを更新します。これは「updateChart」というメソッドを使います。

```
《Sheet》.updateChart(《EmbeddedChart》);
```

これで EmbeddedChart が更新され、表示されるグラフが新しいものに置き換わります。グラフの更新といっても、実際の作業は「新たに EmbeddedChart を作って入れ替える」ということなのです。

グラフを円グラフに変更する

では、先ほど作成したバーチャートを円グラフに変えてみましょう。あわせて、グラフのタイトルも表示してみます。

リスト4-10-1

```
01  function macro3() {
02    const spreadsheet = SpreadsheetApp.getActive();
03    const sheet = spreadsheet.getActiveSheet();
04    var chart = sheet.getCharts()[0];
05    chart = chart.modify()
06      .setChartType(Charts.ChartType.PIE)    ·····················■
07      .setOption('title', '売上グラフ')        ·····················②
08      .build();
09    sheet.updateChart(chart);
10  };
```

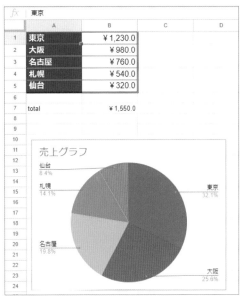

図 4-10-1
バーチャートが円グラフに変わる。タイトルも表示されるようになった

実行すると、「売上グラフ」というタイトルで円グラフが表示されます。グラフの
スタイルがガラリと変わりますね。ここでは、グラフの種類とタイトルを以下のよ
うに変更しています。

● グラフの種類を変更する（1）

```
.setChartType(Charts.ChartType.PIE)
```

グラフの種類は、「setChartType」というメソッドで変更します。引数には、
ChartsというオブジェクトにあるChartTypeからグラフの種類を示すプロパ
ティを指定します。ここでは、Charts.ChartType.PIEでパイチャート（円
グラフ）に変更をしています。

● タイトルを設定する（2）

```
.setOption('title', '売上グラフ')
```

タイトルの設定は、専用のメソッドを持っていないので「setOption」を使い
ます。設定する項目名に'title'と指定し、値を'売上グラフ'にしています。
これでタイトルが表示されるようになります。後は、buildでビルドした
EmbeddedChartをupdateChartで更新すればグラフ操作の完了です。

ここでは必要最低限のメソッドについてのみ説明しました。まずは、基本となる
「as○○Chart」「addRange」「setPosition」の3つの働きと使い方をしっか
り覚えましょう。これらを呼び出してbuildすれば、グラフのオブジェクトが作成
できます。
　この「基本のグラフ」が作れるようになったら、「setOption」でどんな
オプションが設定できるのかを調べてみましょう。
　グラフの作成は「EmbeddedChartBuilderでどのような設定ができるか」に
かかっています。より多くの設定用メソッドを覚えて使えるようになれば、それだ
けグラフの表示をきめ細かに調整できるようになりますよ！

11 シートを扱うには？

最後に、スプレッドシートの基本部分である「シート」についても触れておきましょう。ここまでは「すでに用意されているシートを操作する」という形でマクロを書いてきましたが、マクロの中で新しくシートを作成したり、指定の名前のシートに処理を行いたいこともあるでしょう。

こうしたシートを扱うために必要な機能ももちろん用意されています。基本的なシートの操作について以下にまとめておきましょう。

● 新しいシートを作成する

```
変数 =《Spreadsheet》.insertSheet( 番号 );
```

新しいシートを作成します。引数には、シートを挿入する位置を示す番号を指定します。ゼロならば一番手前（スプレッドシート下部に並ぶシートのタブが一番左側に表示される）となり、数字が増えるにつれて1つずつ下（シートのタブは右側）の位置に挿入されるようになります。

このinsertSheetは、シートを作成した後、作ったシートのSheetオブジェクトを返すようになっています。これをそのまま変数に入れておけば、作成したシートをそのまま操作できます。

● 指定の名前のシートを得る

```
変数 =《Spreadsheet》.getSheetByName( テキスト );
```

指定した名前のシートのSheetオブジェクトを得るためのものです。引数にはシートの名前をテキストで指定します。

● シートの名前を操作する

```
変数 =《Sheet》.getName();
《Sheet》.setName( テキスト );
```

シートの名前は、getNameで取り出せます。またsetNameを使えば、引数に指定したテキストにシート名を変更できます。

● シートを選択する

```
《Sheet》.activate();
```

Sheetオブジェクトのシートを選択状態にします。getActiveSheetなどでこのシートが得られるようになります。

● シートを削除する

選択されたシートを削除する

```
《Spreadsheet》.deleteActiveSheet();
```

指定のシートを削除する

```
《Spreadsheet》.deleteSheet(《Sheet》);
```

シートを削除するメソッドは、Sheetではなく、Spreadsheetオブジェクトに用意されています。deleteActiveSheetは、選択されているシートを削除します。これは引数は不要で、ただ呼び出すだけです。

deleteSheetは、引数に削除するSheetオブジェクトを指定します。ですから、あらかじめgetSheetなどでシートを取得してから実行する必要があるでしょう。

これらでシートを削除してしまうと、もう元には戻せません。削除は慎重に行うようにしてください。

Chapter 5

GUIを使って
シートをデータベース化しよう

この章のポイント
- ・Uiオブジェクトの働きをよく理解しよう
- ・alertとpromptを使えるようになろう
- ・独自メニュー作成の手順を覚えよう

01 Ui オブジェクトについて

　ここまでのマクロは、すべて「あらかじめ用意した処理を実行する」というだけのものでした。これでもそれなりに役に立ちますが、決まりきった処理を実行するだけでは汎用性がありません。もう少しインタラクティブに処理を実行できるようになれば、ぐっと汎用的なマクロが作れるようになるはずです。

　例えば、マクロの記録を行ったとき、セルに1〜10までナンバリングするマクロを作りましたね。これは役には立ちますが、常に1〜10までナンバリングするだけです。いくつまでナンバリングするかを指定できれば、もっと便利なマクロになるはずですね。

　そのためには、UIを利用する方法を覚えなければいけません。UI（UserInterface、ユーザーインターフェイス）を使い、画面にアラートやダイアログなどを表示してユーザーから必要な情報を受け取れるようにできれば、ぐっと汎用的なマクロが作れるようになります。

　こういう「ユーザーとやり取りするための簡単なUI」を利用するために用意されているのが「Ui」というオブジェクトです。これは、以下のようにしてオブジェクトを取り出します。

スプレッドシートのUIオブジェクトを取り出す

```
変数 = SpreadsheetApp.getUi();
```

　Googleスプレッドシートで Ui を利用する場合は、SpreadsheetApp オブジェクトの「getUi」メソッドを呼び出します。これで、Googleスプレッドシートで利用するための Ui オブジェクトが得られます。

　この Ui オブジェクトは、SpreadsheetApp にしか用意されていないわけではありません。他のGoogleサービス（GoogleドキュメントやGoogleスライドなど）でも利用できるようになっています。ですから、まず最初に「Ui を使いたいアプリから getUi でオブジェクトを取り出す」ということを行う必要があります。そして、その Ui オブジェクトから、メソッドを呼び出してさまざまなUIを利用します。

02 アラートを表示しよう

　では、Ui の機能を利用していきましょう。まず、もっとも基本ともいえる「アラート」を表示してみます。これは以下のように行います。

アラートを表示する

```
《Ui》.alert( テキスト );
```

　引数にテキストを指定すると、そのテキストを表示するアラートをシート上に表示します。非常に簡単ですね。ではやってみましょう。
　ここでも、Chapter 4 まで使っていた macro3 関数を書き換えて利用することにします。章ごとにファイルを分けて整理したい人は、「ファイル」メニューから「コピーを作成」を選ぶとファイルをコピーできます。そして、以下のように macro3 の内容を変更してください。

リスト5-2-1

```
01  function macro3() {
02    const ui = SpreadsheetApp.getUi();
03    ui.alert('これがアラートです。');
04  };
```

図 5-2-1
macro3 を実行すると、画面にアラート
が表示される

　修正したら、Google スプレッドシートの「ツール」メニューから「マクロ」内の「macro3」を選択し、macro3 のマクロを実行しましょう。すると画面に「これがアラートです。」と表示されたアラートが現れます（**図5-2-1**）。そのまま「OK」ボタンかクローズボックスをクリックするとアラートは消えます。
　とても単純なものですが、ちょっとしたメッセージをユーザーに表示するようなときに使えますね。

🔆 アラートにボタンを表示する

　このalertダイアログは、単にメッセージを表示するだけしかできないわけではありません。アラートにいくつかのボタンを表示し、ユーザーに選択させることもできます。これは以下のように呼び出します。

アラートにメッセージやボタンを表示する

```
変数 =《ui》.alert( タイトル，メッセージ，ボタンセット );
```

　第1引数（1つ目の引数。引数についてはP.080参照）にタイトル、第2引数に表示するメッセージをそれぞれテキストで指定します。第3引数に、表示するボタンのセットを示す値を用意します。これはUi の「ButtonSet」というところにプロパティとして用意されています。用意されているプロパティは以下の通りです。

ui.ButtonSetの値 （第3引数に指定する値）	表示内容
OK	「OK」ボタンのみ表示
OK_CANCEL	「OK」「Cancel」ボタンを表示
YES_NO	「Yes」「No」ボタンを表示
YES_NO_CANCEL	「Yes」「No」「Cancel」ボタンを表示

　ボタンの表示は、環境によって多少異なります。例えば「Cancel」ボタンは、日本語環境では「キャンセル」に変わります。
　ボタンを指定すると、alertは値を返すようになります。返されるのは、選択したボタンを表す値で、これはUi.Buttonというオブジェクトのプロパティの値を調べることでわかります。

ui.Buttonの値	選択されたボタン
OK	「OK」ボタン
CANCEL	「Cancel」ボタン
YES	「Yes」ボタン
NO	「No」ボタン

　アラートで選ばれたボタンを調べるには、メソッドからの戻り値がこれらの値と等しいかどうか調べればいいのですね。

戻り値は、メソッドから戻ってくる値のことです。Chapter 3で値を返してくる関数について説明しましたが（P.082）、これと同じように、メソッドも値を返してくるものがあるのです。

💡 ボタンを表示して選ぶ

　では、アラートにボタンを表示するサンプルをあげておきましょう。macro3関数を以下のように書き換えてください。

リスト5-2-2

```
01  function macro3() {
02    const ui = SpreadsheetApp.getUi();
03    const res = ui.alert('注意！', 'そのまま実行しますか？', ➡
        ui.ButtonSet.OK_CANCEL); ……………………………1
04    if (res == ui.Button.OK) { ……………………2
05      ui.alert('Thanks!!');
06    }
07  };
```

　macro3マクロを実行すると、画面に「OK」「キャンセル」のボタンが表示されたアラートが現れます。ここで「OK」ボタンを選ぶと、その後に「Thanks!!」と表示されます。「キャンセル」ボタンを選ぶとそこで処理は終わります。

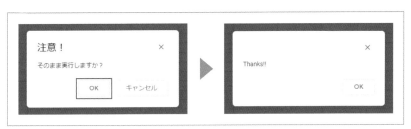

図 5-2-2　ボタン付きのアラートが現れる。「OK」を選ぶとメッセージが表示される

　ここでは、alertメソッドの第3引数にui.ButtonSet.OK_CANCELと指定をしてボタンを表示し（1）、alertメソッドの戻り値をif (res == ui.Button.OK)というようにしてチェックしていますね（2）。これで、「OK」ボタンをクリックされたかどうかがわかります。

03 テキストを入力する ダイアログを表示しよう

あらかじめ用意されたボタンを選択するだけでなく、もっと具体的な情報をユーザーから入力させたい場合は、「prompt」というメソッドが役に立ちます。これは入力フィールドを持ったダイアログを呼び出すもので、以下のように利用します。

【書式】テキストを入力するダイアログを呼び出す

```
変数 =《Ui》.prompt( テキスト );
```

これで入力フィールドを持ったダイアログが表示されます。戻り値は、PromptResponseというオブジェクトになります。このオブジェクトから「getResponesText」というメソッドを呼び出すと、入力したテキストが得られます。
では、簡単な利用例を挙げておきましょう。

リスト5-3-1

```
01  function macro3() {
02    const ui = SpreadsheetApp.getUi();
03    const res = ui.prompt('お名前は？');  ················■
04    const msg = res.getResponseText();  ················■
05    ui.alert('こんにちは、' + msg + 'さん！');  ················■
06  };
```

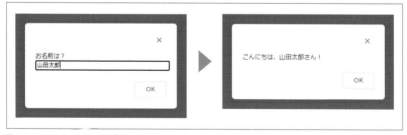

図5-3-1　テキストを記入し、「OK」ボタンを押すと、メッセージが表示される

マクロを実行すると、入力フィールドを持つダイアログが現れます。ここで名前を入力してOKすると、「こんにちは、〇〇さん！」とアラートが表示されます。
ここではpromptの戻り値を変数resで受け取り（■）、const msg = res.getResponseText();として入力したテキストをmsgに取り出しています（■）。

そしてこれを利用してalertを呼び出しています（**3**）。

「promptの戻り値からgetResponseTextで入力したテキストを取り出す」ということさえわかっていれば、それほど難しいものではありませんね！

ダイアログにボタンセットを付ける

先ほどのpromptのサンプルは、実はちょっとした問題がありました。それは「キャンセルできない」という点です。「OK」ボタンを押さず、クローズボックスでダイアログを閉じても、「こんにちは、〇〇さん！」と表示されてしまうのです。

ダイアログのクローズボックスをクリックして閉じても、そこでスクリプトが終了するわけではありません。ですから、クローズボックスで閉じてもそのまま次の処理を実行してしまうのです。

これを防ぐには、ボタンセットでボタンを表示し、選択したボタンに応じた処理を行うようにするのがよいでしょう。この場合は以下のようにpromptを呼び出します。

【書式】ボタンセットのついたダイアログを呼び出す

```
変数 =《Ui》.prompt( タイトル, メッセージ, ボタンセット );
```

タイトルと表示するメッセージ、そして表示するボタンを示すボタンセット（ButtonSet）をそれぞれ指定します。これらは、alertメソッドで使われたのと全く同じですね。

では、これも簡単な利用例を挙げておきましょう。選択したボタンに応じた結果が表示される例です。

リスト5-3-2

```
01  function macro3() {
02    const ui = SpreadsheetApp.getUi();
03    const res = ui.prompt('入力', 'お名前は？', ⏎
        ui.ButtonSet.YES_NO_CANCEL);
04    const btn = res.getSelectedButton();  ·················1
05    const msg = res.getResponseText();  ·················
06    switch(btn) {
07      case ui.Button.YES:
08        ui.alert('こんにちは、' + msg + 'さん！');
09        break;
10      case ui.Button.NO:
11        ui.alert(msg + 'さんでは、ない？');
12        break;
13    }
14  };
```

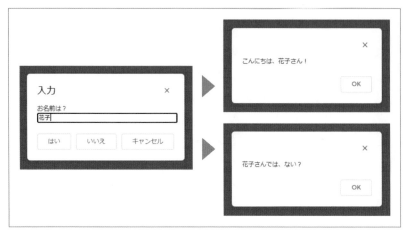

図 5-3-2　選んだボタンが「はい」か「いいえ」かによって結果の表示も変わる

　マクロを実行し、現れたダイアログでテキストを入力してボタンをクリックします。「はい」か「いいえ」を選んだ場合は、それぞれに応じた結果が表示されます。それ以外の場合（「キャンセル」ボタンやクローズボックス）は、そこで処理は終わり何も表示されません。

　ここではpromptを実行後、**1**のようにして選択したボタンと入力テキストを取り出しています。

```
const btn = res.getSelectedButton();
const msg = res.getResponseText();
```

　後は、選択したボタンに応じた処理を行うようswitch（P.070参照）でbtnの値ごとに処理を分岐して実行するだけです。

04 インタラクティブに動くマクロ

これでalertとpromptという、Uiオブジェクトの基本的なメソッドが使えるようになりました。ユーザーから入力ができるようになったことで、マクロもユーザーとやり取りしながら実行できるようになります。

実際に、ユーザーからの入力を利用したマクロを作成してみましょう。

リスト5-4-1

```
01  function macro3() {
02    var spreadsheet = SpreadsheetApp.getActive();
03    var sheet = spreadsheet.getActiveSheet();
04    const ui = SpreadsheetApp.getUi();
05    const res = ui.prompt('入力', '行数を入力:', →    ■1
        ui.ButtonSet.OK_CANCEL);
06    const btn = res.getSelectedButton();
07    const msg = res.getResponseText();
08    const n = msg * 1;
09    if (btn == ui.Button.OK) {
10      var cell = sheet.getActiveCell();          ■2
11      const r = cell.getRow();
12      const c = cell.getColumn();
13      const data = [];                           ■3
14      for(var i = 1;i <= n;i++) {
15        data.push([i]);
16      }
17      var cell = sheet.getRange(r, c, n, 1);     ■4
18      cell.activate();
19      cell.setValues(data);
20    }
21  };
```

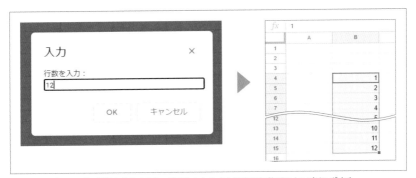

図5-4-1　ダイアログで行数を入力すると、選択したセルから指定の行数だけナンバリングする

Chapter 5

適当なセルを選択してmacro3を実行すると、行数を尋ねてきます。ここで数値を入力すると、選択したセルから入力した行数だけナンバリングし、その部分を選択状態にします（**図5-4-1**）。なお、入力する数値は必ず半角で書いてください。Google Apps Scriptでは、全角の数字は数字として認識してくれないので注意しましょう。

処理の流れをチェックしよう

　では、どのように処理を行っているのか、流れを見ていきましょう。まず、**1**のダイアログの表示部分からです。ダイアログを呼び出し、入力した値とボタンを定数に取り出します。

```
const res = ui.prompt('入力', '行数を入力:', ui.ButtonSet.OK_CANCEL);
const btn = res.getSelectedButton();
const msg = res.getResponseText();
const n = msg * 1;
```

　これで、ユーザーが選択したボタンbtnと、入力した数値nが得られます。最後のconst n = msg * 1;というのは、入力したテキストを数値に変換して取り出している部分です。1を掛けることでテキストの値を整数の値として取り出せます（P.066参照）。
　続いて、**2**で選択したセルの情報を取り出していきます。

```
var cell = sheet.getActiveCell();
const r = cell.getRow();
const c = cell.getColumn();
```

　getActiveCellでセルのRangeを取り出し、そこから「getRow」と「getColumn」というメソッドでセルの行番号と列番号をそれぞれ定数に取り出します。このgetRowとgetColumnは、選択セルの位置を調べるのによく使われるので覚えておきましょう。

【書式】セルの行番号を取り出す

```
《Range》.getRow()
```

【書式】セルの列番号を取り出す

```
《Range》.getColumn()
```

続いて、セルに設定する値を作成します（**3**）。

```
const data = [];
for(var i = 1;i <= n;i++) {
  data.push([i]);
}
```

const data = [];で、変数dataに空の配列を代入します。そして繰り返し
を使い、[i]という配列をdataに追加していきます。「push」は、配列の最後に
値を追加するメソッドです。

【書式】配列の最後に値を追加する

```
《配列》.push(値)
```

これを繰り返していくことで、[[1]，[2]，[3]，……]といった形の2次元
配列 (P.097) が作成されます。
後は、値を設定する範囲を選択してdataを設定するだけです（**4**）。

```
var cell = sheet.getRange(r, c, n, 1);
cell.activate();
cell.setValues(data);
```

getRangeで値を設定する範囲のRangeを用意し、「activate」でその
Rangeを選択します。そして、setValuesでdataを設定します。setValues
で値を設定する場合は、設定する2次元配列と、設定するレンジの範囲が一致して
いないといけません。
そこで、getRange(r，c，n，1);というようにして、選択されたセルの行番
号 (r)、選択されたセルの列番号 (c)、入力された行数 (n)、ナンバリングする列
数 (1) と範囲を指定し、そこに値を設定しています。
複数のセルに値を設定する場合、繰り返しを使って1つ1つのセルに値を設定す
る方法と、繰り返しを使って2次元配列を作ってまとめて設定する方法があります。
ここでは後者のデータを用意して設定するやり方を使いました。ではセルを順に取
り出して設定していく方法だとどのようになるでしょう。それぞれで考えてみてく
ださい。

05 カスタムメニューを作成する

　ここまで、作成したマクロは「ツール」メニューの「マクロ」内から呼び出して利用してきました。これで十分使えるのですが、慣れない人にとってはわかりにくいのも確かでしょう。自分が使うだけなら問題ありませんが、他人がシートを利用することがある場合、「マクロを実行して」といってもわからないかもしれません。

　そこで、作成したマクロをもっと簡単に利用できるUIを作成しましょう。それは、「メニュー」です。Google Apps Scriptを利用すると、スプレッドシートに独自メニューを追加することができるのです。では、作成の手順を説明しましょう。

1. Menuオブジェクトの作成

　メニューの作成は、まず「Menu」オブジェクトを作成することから始まります。これは、Uiオブジェクトの「createMenu」メソッドを使います。

```
変数 =《Ui》.createMenu( メニュー名 );
```

　引数には、メニューバーに表示するメニューの名前をテキストで指定します。戻り値は、「Menu」というオブジェクトになります。これは、メニューの表示や動作を管理するものです。

2. メニュー項目の追加

　Menuが用意できたら、ここにメニュー項目を追加していきます。これは「addItem」メソッドを利用します。

```
《Menu》.addItem( メニュー項目名 , 関数名 );
```

　第1引数にはメニューに表示されるメニュー項目のテキストを指定します。第2引数には、そのメニュー項目を選んだときに呼び出される関数名をテキストで指定します。

　このaddItemは、Menuから連続して呼び出せるようになっています（メソッドチェーンというものでしたね。P.108参照）。つまり、《Menu》.addItem(……).addItem(……)というようにaddItemを必要なだけつなげて複数のメニュー項目をまとめて追加できるのです。

3. メニューバーに追加

Menuオブジェクトにメニュー項目がすべて追加できたら、これをメニューバーに追加します。これはMenuオブジェクトの「addToUi」メソッドを使います。

```
《Menu》.addToUi( );
```

引数はありません。これを実行すると、メニューバーの一番右端にMenuオブジェクトのメニューが追加されます。クリックすれば、登録されたメニュー項目が現れ、選ぶと設定した関数が実行されます。

My Menuを作成する

では、実際に簡単なサンプルを作成してみましょう。「My Menu」というメニューを作成し、メニューバーに追加してみましょう。macro3関数を以下のように書き換えてください。

リスト5-5-1

```
01  function macro3( ) {
02    const ui = SpreadsheetApp.getUi( );
03    ui.createMenu('My Menu')              ……………1
04      .addItem('Set Bg Color', 'setBgColor')  …………2
05      .addItem('Set Color', 'setColor')
06      .addSeparator( )              …………4
07      .addItem('Remove menu', 'removeMenu')  ……
08      .addToUi( );              …………3
09  };
```

図 5-5-1
「My Menu」メニューが追加される

これを実行すると、メニューバーに「My Menu」というメニューが追加されます（**図5-5-1**）。このメニューには「Set Bg Color」「Set Color」「Remove menu」といったメニュー項目が用意されています。ただし、まだ現時点では、メニューを選んでも処理は実行されません。

ここでのメニュー作成の流れを見てみましょう。まず、ui.createMenu('My Menu')を呼び出してMenuオブジェクトを作成し（**1**）、そのままaddItemを連続呼び出ししてメニュー項目を作っていますね（**2**）。そして、最後にaddToUiでメニューの組み込みを行っています（**3**）。

ここまで、すべてのメソッドは連続して呼び出されています。メソッドチェーンというやつでしたね。こんな具合に、メニューの作成は必要なメソッドを次々と呼び出していくことで行えるようになっています。

ところで、呼び出しているメソッドの中に、1つだけ見たことのないものが混じっていました。**4**の「.addSeparator」というものです。これは、メニューに「仕切り」の項目を追加するためのものです。メニューを役割ごとに整理したいときなどに用いられます。引数もなく、ただ呼び出すだけの簡単なものなので覚えておきましょう。

作れるメニューは1つだけ？

ui.createMenuを使えば、簡単にオリジナルメニューを追加できます。では、このメニューはいくつ作れるのでしょうか。1つだけ？

いいえ、そんなことはありません。Menuオブジェクトを作り、addToUiで追加すれば、いくつでもメニューを追加することができます。実際に試してみるとわかりますが、最大で10個まで独自メニューを追加することができます。

ただし、いくつも作って組み込むと、Webブラウザの横幅を広げないとメニューが表示しきれなくなりますし、独自機能が増えすぎて把握しきれなくなるでしょう。実用面を考えたら、必要以上に増やしすぎないほうがいいですよ。

06 呼び出される関数を用意しよう

メニューは、Menuを作って組み込めばそれで完成というわけではありません。各メニュー項目を呼び出したときに実行する関数を用意しないと、動くようにはなりませんから。

先ほどのスクリプト（**リスト5-5-1**）では、「Set Bg Color」と「Set Color」というメニュー項目に、それぞれ「setBgColor」「setColor」という関数を設定しておきました。これらの関数を作成しましょう。macro3関数の後に、以下のリストの関数を追記してください。

リスト5-6-1

```
01 function setColor() {
02   const ui = SpreadsheetApp.getUi();
03   const res = ui.prompt('入力', 'テキストのカラーを入力:',   ···············1
04      ui.ButtonSet.OK_CANCEL);
05   const btn = res.getSelectedButton();
06   const msg = res.getResponseText();
07   if (btn == ui.Button.OK) {
08     var cell = SpreadsheetApp.getActiveRange();
09     cell.setFontColor(msg);   ··············2
10   }
11 };
12
13 function setBgColor() {
14   const ui = SpreadsheetApp.getUi();
15   const res = ui.prompt('入力', '背景のカラーを入力:',   ··············3
16      ui.ButtonSet.OK_CANCEL);
17   const btn = res.getSelectedButton();
18   const msg = res.getResponseText();
19   if (btn == ui.Button.OK) {
20     var cell = SpreadsheetApp.getActiveRange();
21     cell.setBackground(msg);   ··············4
22   }
23 };
```

Chapter 5

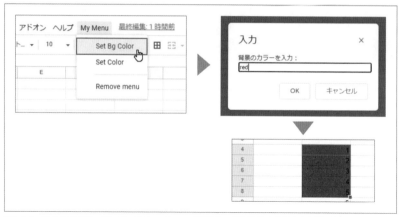

図5-6-1 背景色の変更。「Set Bg Color」メニューを選ぶと、選択範囲の背景色を変更できる

追記したら、実際にメニューを選んで動作を確認しましょう。シートの適当な範囲を選択し、「My Menu」から「Set Bg Color」メニューを選び、現れたダイアログで設定する色名を入力してOKすると、選択したセルの背景色が変わります（**図5-6-1**）。指定できる色名は、red、green、blue、cyan、magenta、yellow、black、whiteといった基本的な色の名前の他、「#ff00aa」のようにRGB各色の輝度をそれぞれ2桁の16進数で指定した値も使えます。

同様に「Set Color」メニューでは、選択したセルのテキスト色が変わります（**図5-6-2**）。実際にセルに適当に値を入力して色の変化を確かめてみましょう。

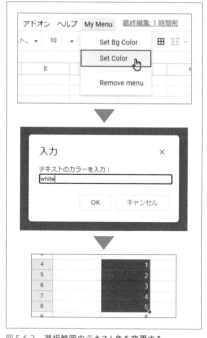

図5-6-2 選択範囲のテキスト色を変更する

　ここで行っている処理は、特に新しいものではありません。Uiのpromptを使って色の値を入力してもらい、「OK」ボタンがクリックされた場合にはsetFontColorやsetBackgroundを使って選択されているRangeの色を設定します。メ

ニューから選ぶだけでこうした処理が実行できるようになると、ずいぶんとマクロも使いやすくなりますね！

💡 メニューを削除する

もう1つ、関数を作成しましょう。「My Menu」メニューでは、一番下に「Remove menu」というメニュー項目を用意し、これを選ぶと removeMenu 関数が実行されるようにしてありました。この removeMenu 関数をスクリプトに追記しましょう。

リスト5-6-3

```
01  function removeMenu() {
02    var spsheet = SpreadsheetApp.getActiveSpreadsheet();
03    spsheet.removeMenu('My Menu');
04  };
```

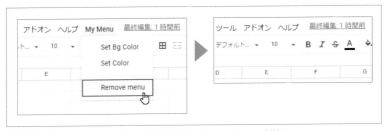

図5-6-3 「Remove menu」メニューを選ぶと「My Menu」メニューを削除する

保存したら、「Remove menu」メニューを選んでください。すると「My Menu」メニューがメニューバーから消えます（**図5-6-3**）。

ここでは、「getActiveSpreadsheet」というメソッドで、Spreadsheetオブジェクトを取り出しています。メニューの削除は、このSpreadsheetオブジェクトにある「removeMenu」メソッドで行います。

【書式】メニューを削除する

```
《Spreadsheet》.removeMenu( メニュー名 );
```

引数に、削除するメニュー名（メニューとして表示されているテキスト）を指定すると、そのメニューが削除されます。これで削除されるのは、addToUi で追加したメニューだけです。それ以外のメニューは、これで削除することはできません。

　これで、オリジナルのメニューを追加して各種機能を呼び出せるようになりました。これでメニュー関係は一通り完成ですが、あと1つだけやっておきたいことがあります。それは、「ファイルを開いたら自動的にメニューが追加されるようにする」ことです。

　まぁ、このままもいいのですが、このままでは「macro3でメニューが追加される」と知っていなければメニューを追加できません。自分以外の人間が使うときでもメニューが利用できるようにしたいのであれば、「ファイルを開けば自動的にメニューが追加される」ようにすべきでしょう。

　これは、実は簡単に行えます。マクロのスクリプトファイルでは、スプレッドシートファイルを開くと「onOpen」という関数が自動的に呼び出されるようになっています。この関数に、メニューを作成する処理を用意しておけばいいのです。

　では、以下の関数をスクリプトファイルに追記してください。**リスト5-5-1**の内容をそのまま使っています。

リスト5-7-1

```
01  function onOpen() {
02    const ui = SpreadsheetApp.getUi();
03    ui.createMenu('My Menu')
04    .addItem('Set Bg Color', 'setBgColor')
05    .addItem('Set Color', 'setColor')
06    .addSeparator()
07    .addItem('Remove menu', 'removeMenu')
08    .addToUi();
09  };
```

　これで完成です。スクリプトを保存したら、一度スプレッドシートを閉じて終了し、Googleドライブから再びファイルを開いていてください。開くと自動的に「My Menu」メニューが追加されるようになります。

08 シートにボタンを配置しよう

メニュー以外にも、マクロを簡単に実行できる方法があります。それは、シートにボタンを配置して、それをクリックして実行するように設定することです。

「ボタンなんてあったかな？」と思った人。ボタンという部品はありませんが、シートにはグラフィック（図形）を配置することができます。わかりやすい図形を用意し、これをクリックしたら処理を実行するようにできるのです。

では、やってみましょう。スプレッドシートの「挿入」メニューから「図形描画」を選んでください。画面に図形を作成するためのパネルが現れます。ここで、画面に挿入する図形を作成します。

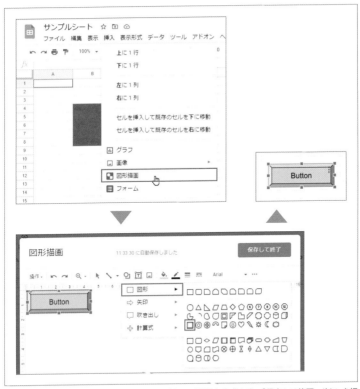

図 5-8-1 「図形描画」メニューでパネルを呼び出し、図形を作成する。「保存して終了」ボタンを押すとシートに図形が追加される

パネル上部のツールバーから「図形」アイコン⟁をクリックすると図形の種類が
メニューとして現れるので、「図形」メニューから作成したい図形を選んでください。
これでパネル内にその図形が配置されます。配置された図形は、マウスでドラッグ
して移動したり大きさを変更したりできます。またツールバーの「塗りつぶしの色」
（🪣）、「枠線の色」（🖊）、「枠線の太さ」（☰）、といったアイコンから色や線の太さ
を変更できます。
　図形が用意できたら、「保存して終了」ボタンをクリックすると、図形がシートに
挿入されます。

💡 図形に関数を割り当てる

　続いてシートに追加された図形に処理を割り当てましょう。図形をクリックして
選択し、図形右上に見える「⋮」部分をクリックしてください。メニューがプルダ
ウンして現れます。ここから、「スクリプトを割り当て」メニューを選び、現れたダ
イアログで関数名を入力します。ここでは「btnClick」と入力してOKしましょう。
　これで、ボタンをクリックするとbtnClickという関数が実行されるように設定
できました。

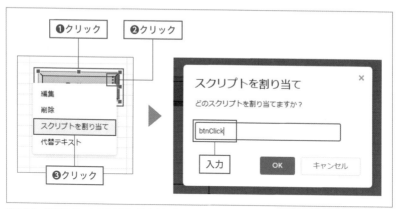

図5-8-2　図形の「⋮」から「スクリプトを割り当て」メニューを選び、「btnClick」と入力する

btnClick関数を作成する

　では、スクリプトファイルに btnClick 関数を追加しましょう。ここではサンプルとして、簡単なアラートを表示するものを用意しておきます。以下の関数を追記してください。

リスト5-8-1

```
01  function btnClick() {
02    const ui = SpreadsheetApp.getUi();
03    ui.alert("ボタンをクリックしました！");
04  };
```

図5-8-3　図形をクリックするとアラートが表示される

　スクリプトを保存したら、シートに配置した図形をクリックしてください。割り当てた btnClick 関数が実行され、画面にアラートが表示されます（**図5-8-3**）。
　ここでは、ごく簡単なサンプルを用意しましたが、メニューと同様に本格的な処理をボタンクリックで呼び出すことも可能です。

09 シートをデータベースにしよう

インターフェイスを一通り使えるようになると、スプレッドシートをデータベース代わりに利用できるようになってきます。データをシートに保存し、データの追加や検索などをUIで実装すれば、けっこう使えるデータベースが作れるようになるのです。

実際に簡単なサンプルを作ってみましょう。まず、新しいシートを用意してください。シート下部にあるタブの表示部分から「＋」アイコンをクリックしてシートを新しく用意します。そして、タブのシート名の部分をダブルクリックしてください。シート名が編集可能な状態に変わります。そのまま名前を「データ」と入力してください。

この新しいシートにデータを保存していくことにします。

図 5-9-1
新しいシートを作り、シート名を
「データ」と設定する

データを追加する

では、データを追加するマクロを作りましょう。スクリプトエディタで以下の関数を追加してください。

リスト 5-9-1

```
01  function データを追加() {
02    const ui = SpreadsheetApp.getUi();
03    const spreadsheet = SpreadsheetApp.getActive();
04    const sheet = spreadsheet.getSheetByName('データ'); ……1
05    const lastrow = sheet.getLastRow() + 1; ……2
06    var res = ui.prompt("名前を入力:", ui.ButtonSet.OK_CANCEL); ……3
07    if (res.getSelectedButton() == ui.Button.CANCEL) {
08      return;
09    }
10    const name = res.getResponseText(); ……4
11    res = ui.prompt("メールアドレスを入力:", ui.ButtonSet.OK_CANCEL); …5
12    if (res.getSelectedButton() == ui.Button.CANCEL) {
13      return;
14    }
15    const mail = res.getResponseText(); ……6
```

```
16    const vals = [[name, mail]]; ……7
17    sheet.getRange(lastrow, 1, 1, 2).setValues(vals); ……8
18    ui.alert('データを追加しました。');
19  }
```

今回は、「データを追加」という日本語の関数名にしました。「マクロ」メニューに追加されるメニュー項目が日本語のほうが直感的にわかると思ったため、あえて日本語名にしてあります。記述後、「ツール」メニューの「マクロ」から「インポート」を選んでマクロをインポートしておきましょう。

図 5-9-2
「インポート」メニューを選び、「データを追加」関数をインポートする

「このアプリはGoogleで確認されていません」?

マクロを追加し実行する際に「承認が必要」アラートが現れた人もいるかもしれません。この場合の対応はChapter 2で説明しましたね（P.033参照）。それに従ってアクセス権を許可しようとすると、これまで見たことのない「このアプリはGoogleで確認されていません」という画面が出てしまった、という人はいるでしょうか。

この表示が出た場合は、ウインドウ下部の「詳細」リンクをクリックすると、詳しい説明が表示されます。そこにある「○○（安全ではないページ）に移動」（○○はスプレッドシート名）をクリックするとリクエスト許可の表示が現れ、アクセスを許可できます。詳しい説明はChapter 7（Chapter 7-01「Gmailでメール送信しよう」参照）で行います。

図 5-9-3
この画面が出た場合は、「詳細」をクリックして対応する

マクロを実行しよう

　この関数はマクロとして呼び出して使います。「ツール」メニューの「マクロ」から「データを追加」を選ぶと、画面にダイアログが現れ、名前とメールアドレスを尋ねてきます。これらを順に入力するとデータがシートに追加されます。

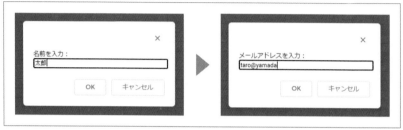

図 5-9-4　「マクロ」メニューから「データを追加」を選び、名前とメールアドレスを入力する

　ある程度、データを追加したら、「データ」シートでどのようにデータが追加されているか確認しましょう。A列とB列に名前とメールアドレスが書き出されているのがわかるでしょう。

図 5-9-5
「データ」シートには、A 列に名前、
B 列にメールアドレスが記述される

スクリプトの流れを整理する

　では、作成したマクロの内容をざっとチェックしましょう。ここでは、いくつか新しいメソッドを使っています。

● 名前でシートを得る（**1**）

```
const sheet = spreadsheet.getSheetByName('データ');
```

　ここまで、シートはgetActiveSheetで取得してきましたが、今回は必ず「デー

タ」シートにデータを保管する必要があります。そこで、「getSheetByName」というメソッドを使いました。これは、引数に指定した名前のシートを取得するメソッドです。

● **最後の行を調べる（②）**

```
const lastrow = sheet.getLastRow() + 1;
```

データは、シートに書かれているデータの一番最後に追加していきます。そのためには、「最後の行」が何行目かわからないといけません。それを調べるのが「getLastRow」というメソッドです。これで、値が書かれている一番下の行番号がわかります。その1行下にデータを追加すればいいわけです。

後は、それほど難しいことはしていません。ui.promptを使って名前とメールアドレスを入力し（③、⑤）、それをデータの最下行の下に追加します。保管するデータはそれぞれ名前をnameに（④）、メールアドレスをmailに入れてから（⑥）、[[name, mail]]というように2次元配列の形にします（⑦）。そしてgetRange (lastrow, 1, 1, 2)でlastrow行のレンジを指定して（⑧）、setValues (vals)で値を設定します。

10 データを検索する

データの保管ができるようになったら、データベースらしい使い方として「検索」機能を作成しましょう。これもスクリプトエディタに関数として追記をします。

リスト5-10-1

```
01  function データを検索() {
02    const ui = SpreadsheetApp.getUi();
03    const spreadsheet = SpreadsheetApp.getActive();
04    const sheet = spreadsheet.getSheetByName('データ');
05    var res = ui.prompt("名前を入力:", ui.ButtonSet.OK_CANCEL);
06    if (res.getSelectedButton() == ui.Button.CANCEL) {
07      return;
08    }
09    const find = res.getResponseText();
10    const data = sheet.getDataRange().getValues();       ……………1
11    for(var i in data) {  ………………………………………………2
12      var item = data[i];
13      if (item[0] == find) {
14        ui.alert(item[0] + ', ' + item[1]);
15      }  ………………………………………………………………………
16    }
17  }
```

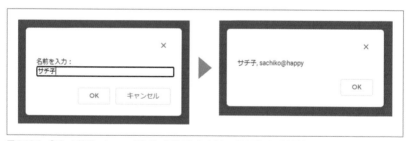

図5-10-1 「データ検索」メニューを選び、名前を入力すると、そのデータが表示される

マクロをインポートし、「データを検索」関数を実行してみましょう。画面に名前を入力するダイアログが現れるのでここで名前を書いてOKすると、その名前のデータを検索し、名前とメールアドレスをアラートとして表示をします（図5-10-1）。

ここで行っていることは、実はそれほど難しいものではありません。まず、シートに書かれたデータのRangeからデータをすべて2次元配列として取り出します。

ここでは、ちょっとおもしろいメソッドを使っています（**1**）。

```
const data = sheet.getDataRange().getValues();
```

「getDataRange」というのは、データが書かれている領域のRangeを取得するものです。ここで利用しているデータ以外のものがシートに書かれていると正しく取り出せないのですが、「データベースとして使っているデータだけしかない」というのであれば、getDataRangeで簡単にデータがある範囲を取り出せます。

【書式】データが書かれている領域を取得する

```
《Sheet》.getDataRange()
```

　後は、forを使って1つ1つの名前の値が入力テキストと同じかチェックしているだけです（**2**）。データが増えると繰り返しの回数も増えていきますが、スクリプトの実行速度は非常に早いので、数千行程度なら速度的にはほとんど問題ないでしょう。

　基本的なデータの扱い方がわかったら、さらに「データの更新」や「データの削除」のマクロも作れないか挑戦してみてください。こうしたデータ操作が一通りできるようになれば、スプレッドシートは本格的なデータベースとして使えるようになります。

　なお、多量のデータからより高度な検索を行う場合、もっとよいやり方として「フィルタ」を使う方法があります。これについては次のChapter 6で説明します。

11 UIの限界

　以上、UIの基本的な使い方について説明しました。ここでは「alertの表示」「promptの表示」「メニューの追加」「図形への関数割り当て」について説明を行いました。これらが一通り使えるようになれば、基本的なUI利用は行えるようになるでしょう。

　ただし、これは「データの内容が比較的単純な場合」の話です。データの構造が複雑になったり、あるいは保管するデータの項目数がどんどん増えてくると、UIで1つ1つの値を入力していくやり方はかなり面倒になります。また、UIでいちいちダイアログを表示して入力していくやり方は、たくさんのデータを入力するのには向いていません。

　Googleスプレッドシートでは、こういう場合、UIよりももっと簡単で便利な方法を用意しています。それは、「Googleフォーム」を利用するのです。

　次のChapter 6では、Googleフォームを利用したスプレッドシートのデータ入力について説明をしていきましょう。合わせて、多量のデータの処理についても考えていきましょう。

複雑なUIも実は作れる

　ここでは基本的なUIの使い方のみ説明しましたが、実をいえばもっと複雑なUIも作れます。Uiオブジェクトには、HTMLファイルを読み込んでダイアログとして表示する機能があるのです。以下は「dialog.html」というファイルをダイアログとして表示する例です。なお、Google Apps ScriptでHTMLファイルを作る方法についてはP.265をご覧ください。

```
function dialog() {
  const html = HtmlService.
    createHtmlOutputFromFile('dialog')
    .setWidth(640)
    .setHeight(480);
  const ui = SpreadsheetApp.getUi()
  ui.showModalDialog(html, 'dialog');
};
```

Chapter 6

Google フォームによる データ投稿と分析

この章のポイント
- Google フォームを作成してデータを入力しよう
- データをフィルタ処理して必要な情報を取り出そう
- ピボットテーブルでデータを分析する方法をマスターしよう

01 多量のデータを入力し 分析する最適な方法は？

　Googleスプレッドシートでは、Uiオブジェクトを使って簡単な入力ができるようになりました。データの入力を行うような場合は、Uiで専用のフォームなどを使って入力できるようにすると、自分だけでなく、誰でも簡単にデータ入力が行えるようになります。

　ただし、多数の項目があるデータを入力するのは、Uiのpromptではかなり大変でしょう。独自にダイアログを作ったりすることも可能ですが、これはかなり扱いが複雑で面倒になり、Google Apps Scriptビギナーには荷が重いでしょう。

　本格的にデータの処理を行うことを考えるなら、2つの点についてよく考えておかなければいけません。それは「入力の方法」と「分析の方法」です。

● データの入力方法

　多量のデータを扱う場合、「自分ひとりだけでなく、多人数が手分けして入力を行う」というケースも増えてきます。

　例えば、学校の試験のデータを入力することを考えましょう。すると、それぞれのクラスの担任が自分のクラスの生徒のデータを入力していくことになります。それらをすべて別々に管理するのであればUiで対応することは可能でしょうが、すべてをひとまとめにして処理しようと考えたなら、「すべてのクラスの担任が同じようにデータを入力できる」方法を考えなければいけません。

　そして、この場合、入力されるデータはすべてが統一されたフォーマットになっていなければいけません。でなければ、入力されたデータを上手く分析できないからです。

● データの分析方法

　データは、ただ入力しただけでは役には立ちません。それを分析してさまざまな情報を読み取ることができて、初めて意味があります。

　Googleスプレッドシートには、データから必要な項目だけをフィルタリングして表示したり、いくつもの要素があるデータから特定のデータを集計するための機能が色々と揃っています。こうした機能の使い方を覚え、データから「全体の傾向」を調べる方法を理解する必要があるでしょう。

Google フォームと Google スプレッドシート

　では、データの入力から考えていきましょう。どういうやり方でデータ入力をしていくのがベストでしょうか。

　実は、Googleのサービスには、定型データを簡単確実に入力できるようにする便利なサービスが用意されているのです。それは、「Googleフォーム」です。

　Googleフォームは、例えば問い合わせフォームやアンケートのような決まった形式のフォームを作成して公開するサービスです。このGoogleフォームが、どうしてGoogleスプレッドシートの入力に関係があるのでしょうか。

　実は、Googleフォームで送信されたデータは、Googleスプレッドシートを使って管理できるのです。ですから、Googleフォームを作成すれば、定型データを簡単にスプレッドシートに蓄積していけます。

　Googleフォームは、Googleドライブから作成することもできますし、GoogleフォームのWebサイトにアクセスして作成することもできます。まずはGoogleフォームのサイトにアクセスしましょう。

https://docs.google.com/forms

　上部の「新しいフォームを作成」というところには、各種のテンプレートを利用してフォームを作成するための項目が並んでいます。ここから「空白」をクリックしましょう。これで、新しいフォームが作成されます。

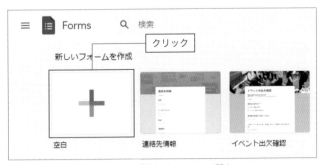

図 6-1-1　Google フォームのサイト。「空白」をクリックして開く

🔅 スプレッドシートからGoogleフォームを作成する

この他、Googleスプレッドシートから直接Googleフォームを作成する方法もあります。Googleスプレッドシートの「挿入」メニューから「フォーム」を選ぶと、新しいGoogleフォームのファイルが作成されます。同時に、スプレッドシートに「フォームの回答1」といった名前のシートが作成され、Googleフォームの投稿データがそのシートに書き出されるようになります。

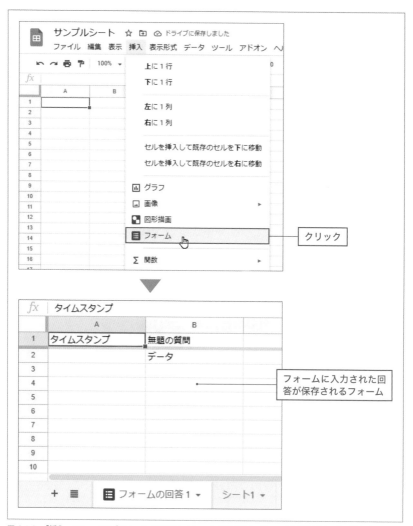

図6-1-2　「挿入」メニューから「フォーム」を選ぶと、フォームが作成され、フォームの回答用シートが追加される

02 Googleフォームの基本画面

新しいタブでフォームが開かれます。これが、Googleフォームの画面です。ここでフォームの内容を作成していきます。この画面は、最上部に「無題のフォーム」とフォームのタイトルが表示されています。そしてその下にフォームのタイトルと、「無題の質問」と表示された入力項目のサンプルが表示されています。ここに、入力項目の質問を必要なだけ追加してフォームを作成していきます。

図 6-2-1 Google フォームの画面

では、フォームのタイトルを入力しておきましょう。最上部に見える「無題のフォーム」という部分をクリックし、「サンプルフォーム」と書き換えてください。これでファイル名が変更されます。

図 6-2-2 フォームの名前を入力する

💡 タイトルと説明の表示

フォームの作成部分（淡い色の背景がある部分）には、一番上にタイトルと説明を表示したエリアがあります。タイトルには、入力したファイル名（ここでは「サンプルフォーム」）が表示されており、その下の説明部分は空欄になっています。ここをクリックして、簡単な説明文を入力しておきましょう（**図6-2-3**）。

図 6-2-3　フォームのタイトルと説明文を入力する

質問エリアについて

　その下の四角エリア（「無題の質問」と表示されているところ）をクリックしてください。すると、その内部にある項目が編集できるように表示が変わります。

　これは、フォームに用意される「質問」です。フォームは、いくつかの質問が並ぶ形になっています。この質問を順に作成していくのが「フォームを作成する」ということなのです。

　この質問のエリアは、大きく4つの部分で構成されています。簡単にまとめておきましょう。

タイトル	左上に「無題の質問」と表示されているところです。ここに、質問のタイトルを入力します
質問の種類	タイトルの右側には「ラジオボタン」と表示された項目があります。これは、質問の種類を選ぶものです。この部分をクリックすると質問の種類がポップアップして現れ、そこから使用する種類を選びます
質問の設定	質問の種類を選ぶと、その種類の設定内容が下に現れます。これは種類によって変わります。ここで具体的な質問の内容を設定していきます
その他の設定	エリアの下部には、いくつかのアイコンが並んでいます。ここで質問のコピー、削除、必須項目とするかどうか、などを設定できます

　質問の作成は、「タイトルを入力」「種類を選択」「質問の詳細を設定」「必須項目などをチェック」といった流れで行うことになります。種類によって設定の内容は変わりますが、基本的な流れはだいたい同じです。

図 6-2-4　質問のエリア。質問の設定内容は種類によって変わる

03 質問を作成しよう

　では、フォームを作っていきましょう。今回は、簡単な例として「模擬試験の点数データ」を登録するフォームを作成してみることにしましょう。ここでは、全部で5つの質問を用意します。

- ・試験の選択（どの試験のデータか）
- ・名前の選択（誰のデータか）
- ・教科の選択（どの科目か）
- ・点数の入力（何点か）
- ・メモ（補足情報など）

　全校データを管理するならば、この他に学年やクラスの項目も必要でしょうが、ここではサンプルとして「特定のクラスのデータ管理」を考えることにしました。上記の5項目データを入力すれば、必要な情報を保管できるでしょう。

　では、順に作ってきましょう。

試験の選択

　デフォルトでは、1つだけ質問が用意されていますね。「無題の質問」と表示されたものです。
　この質問を、最初の「試験の選択」の質問として設定しましょう。

1. タイトルを「試験」とします。
2. 種類を「プルダウン」とします。
3. その下に選択項目を作成するエリアが現れるので、「1学期中間試験」「1学期期末試験」「第1回模擬試験」といった具合に試験の名前を必要なだけ記述していきます。
4. 右下の「必須」という項目をONにします。

図 6-3-1　試験の質問を作成する

🔆 名前の選択

　新しい質問を用意します。質問エリアの右端に、縦長のアイコンが並んだツールバーがありますね？　その一番上にある「＋」アイコンをクリックしてください。新しい質問が下に追加されます。これを設定していきましょう。名前は直接テキストを入力してもいいのですが、クラスにいる生徒は決まっているのでプルダウンを利用することにしました。

1. タイトルを「氏名」とします。
2. 種類を「プルダウン」とします。
3. その下に選択項目を作成するエリアが現れるので、「山田太郎」「田中花子」といった具合に生徒の氏名を必要なだけ記述していきます。
4. 右下の「必須」という項目をONにします。

図 6-3-2　氏名の質問を作成する

教科の選択

　右端の「＋」アイコンをクリックして新しい質問を作成しましょう。そして3つ目の質問を作成します。これは以下のようにします。

1. タイトルを「教科」とします。
2. 種類を「ラジオボタン」とします。
3. その下に選択項目を作成するエリアが現れるので、「英語」「国語」「数学」といった具合に教科名を必要なだけ記述していきます。
4. 右下の「必須」という項目をONにします。

図 6-3-3　教科の質問を作成する

 点数の入力

　「＋」アイコンで新しい質問を作り、点数の入力のための項目を作成します。設定は以下のようになります（**図6-3-4**）。

1. タイトルを「点数」とします。
2. 種類を「記述式」とします。
3. 右下の「：」をクリックし、「回答の検証」を選びます。
4. 質問内容の設定部分に「数値」「次より大きい」といった項目が現れます。これを「数値」「整数」に変更します。
5. 右下の「必須」という項目をONにします。

図 6-3-4　点数の質問を作成する

メモの入力

　最後に、メモ書き用の項目を用意します。「＋」アイコンで新しい質問を作り、以下のように設定します。

1. タイトルを「メモ」とします。
2. 種類を「段落」とします。

図 6-3-5　メモの質問を作成する

04 フォームを使ってみよう

これでフォームは完成です。では、早速フォームを使ってデータを入力しましょう。入力するために、まずフォームのURLを取得します。フォームの画面の右上に「送信」というボタンがあるので、これをクリックしてください。

図 6-4-1 「送信」ボタンをクリックする

画面に、「フォームを送信」というパネルが現れます。これは、フォームの様々な送り方をまとめたものです。「送信方法」というところから「リンク」のアイコン（真ん中のアイコン）をクリックしてください。これでフォームのURLが「リンク」というところに現れます。「URLを短縮」をONにすると、シンプルなURLを生成します。

このまま「コピー」ボタンをクリックすると、URLがコピーされます。コピーしたら、パネルのクローズボックスをクリックして閉じましょう。

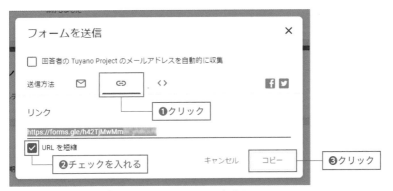

図 6-4-2 リンクを表示し、「コピー」ボタンをクリックしてコピーする

Webブラウザに、コピーしたURLをペーストしてアクセスをしてください。これで、フォームページにアクセスされます。これはフォームの編集画面ではなく、実際にフォームを実行して入力を行う画面です。ここで必要なデータを入力して送信すれば、それが保管されていきます。

では、実際にフォームを使ってデータを入力してみてください。点数とメモ以外は基本的に用意されている項目から選択するだけですから、入力ミスもほとんど起こらないでしょう。

　またフォームを使えば、業務経験のない人間でもデータを正しく入力することができるのがよくわかるはずです。Googleフォームは、「誰でも正確にデータ入力できる」ためのUIとして最適なのです。

図 6-4-3　フォームに入力をして送信する

05 回答をチェックする

　ある程度、データを送信したら、入力データについて確認をしてみましょう。フォームの編集画面 (入力画面ではありませんよ。フォームを作成していた画面です) では、タイトルの下辺りに「質問」「回答」というリンクがありました。この「質問」が選択された状態で、フォームの作成を行っていたのですね。

　では、「回答」リンクをクリックして表示を切り替えてみましょう。こちらは、これまで送信した回答の内容を整理し、わかりやすく表示してくれるレポート機能です。

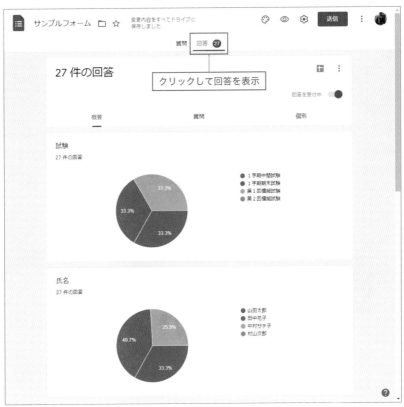

図 6-5-1　回答ページ。送信された回答の内容を整理してレポートする

💡 送信時の確認

　自分だけでなく、複数の人間がフォームを利用してデータ入力を行うようになった場合、誰からどういうデータが入力されたかを確認できるようにしたいでしょう。これは、簡単に設定できます。

　フォームの作成画面の「回答」の表示画面で、「○○件の回答」と表示されている部分の右端にある「⋮」マークをクリックしてください。メニューがポップアップして現れます。ここから、「新しい回答についてのメール通知を受け取る」メニューを選んでください。これで、フォームを使って回答をすると、メールでその内容が送られてくるようになります。

図 6-5-2　「新しい回答についてのメール通知を受け取る」メニューを選ぶ

　実際にフォームからデータを入力し送信してみましょう。このGoogleフォームを作成する際にログインしていたGoogleアカウントのメールアドレスにメールが届きます。ここからリンクをクリックして、送信されたデータの内容などを見ることができます。

図 6-5-3　送られてくるメール。ここからフォームを開いて内容確認できる

06 データを スプレッドシートで集計しよう

　データの入力は、Googleフォームによってほぼ解決できました。次は、入力されたデータを集計し分析するにはどうするか、考えていきましょう。

　データを扱うためには、まずデータをGooleスプレッドシートにまとめる必要があります。フォームの「回答」画面では、全体の傾向などはチェックできますが、生データは表示されません。データの処理を行うために、生のデータをスプレッドシートにまとめましょう。

回答をGoogleスプレッドシートにまとめる

　「回答」表示の上部右側に、スプレッドシートのアイコンが表示されているのでクリックしてみてください。画面にパネルが現れます（**図6-6-1**）。これは、回答をどのスプレッドシートに保存するかを指定するものです。

　デフォルトでは、「新しいスプレッドシートを作成」が選択されています。その後には、スプレッドシートのファイル名が入力されています。「作成」ボタンを押せば、指定のファイル名でGoogleスプレッドシートのファイルを作成し、そこに送信されたデータが記録されます。

　「既存のスプレッドシートを選択」を選んだ場合は、Googleドライブからスプレッドシートファイルを選択するためのダイアログが現れます。ここで選んだスプレッドシートファイルにデータが記録されます。

　とりあえず、ここではデフォルトのまま「作成」ボタンを押して新しいスプレッドシートファイルを作成しましょう。デフォルトでは「サンプルフォーム（回答）」という名前でファイルが作成されます。

図6-6-1　アイコンをクリックし、ファイル名を入力してスプレッドシートファイルを作成する

スプレッドシートでデータを見る

ファイルが作成されると、自動的にそれが開かれ、送信されたデータの内容がスプレッドシートに一覧表示されます。あるいは、先ほどファイルを作成するときに使ったGoogleスプレッドシートのアイコンをクリックすれば、データを保存しているファイルを開けます。

ここでは、「フォームの回答 1」というシートが用意され、そこに送信されたフォームのデータがすべて記録されています。書き出されているデータの内容がどうなっているか、よく確認してください。左から、「タイムスタンプ」「試験」「氏名」「教科」「点数」「メモ」といった項目が並び、投稿されたフォームのデータが行ごとに書き出されているのがわかるでしょう。

これは、普通のスプレッドシートですから、このデータをコピーして利用したりすることも簡単に行えます。データはすべて正しい形式で書かれています。利用者が手作業で入力していくよりはるかに間違いも少なく済みますね。

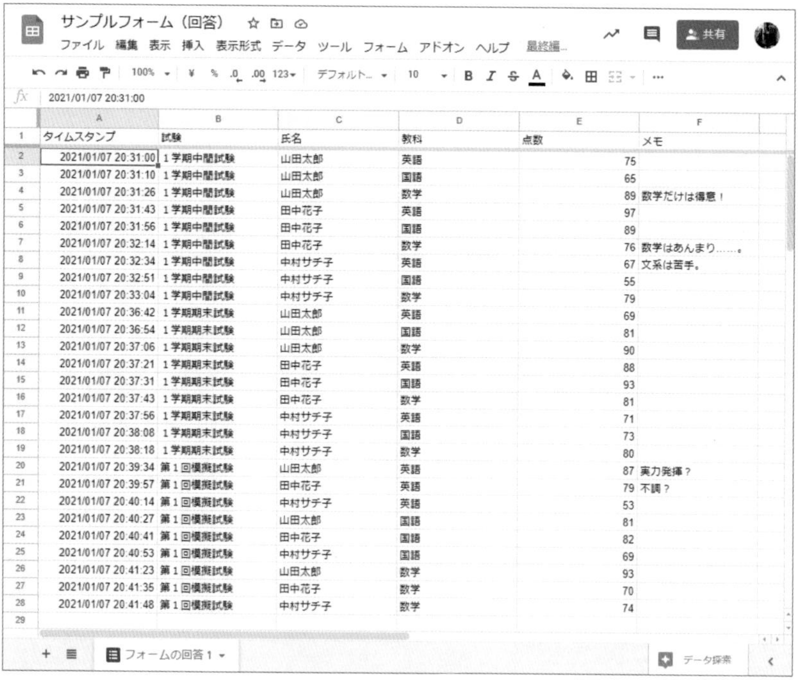

	A	B	C	D	E	F
1	タイムスタンプ	試験	氏名	教科	点数	メモ
2	2021/01/07 20:31:00	1学期中間試験	山田太郎	英語	75	
3	2021/01/07 20:31:10	1学期中間試験	山田太郎	国語	65	
4	2021/01/07 20:31:26	1学期中間試験	山田太郎	数学	89	数学だけは得意！
5	2021/01/07 20:31:43	1学期中間試験	田中花子	英語	97	
6	2021/01/07 20:31:56	1学期中間試験	田中花子	国語	89	
7	2021/01/07 20:32:14	1学期中間試験	田中花子	数学	76	数学はあんまり……。
8	2021/01/07 20:32:34	1学期中間試験	中村サチ子	英語	67	文系は苦手。
9	2021/01/07 20:32:51	1学期中間試験	中村サチ子	国語	55	
10	2021/01/07 20:33:04	1学期中間試験	中村サチ子	数学	79	
11	2021/01/07 20:36:42	1学期期末試験	山田太郎	英語	69	
12	2021/01/07 20:36:54	1学期期末試験	山田太郎	国語	81	
13	2021/01/07 20:37:06	1学期期末試験	山田太郎	数学	90	
14	2021/01/07 20:37:21	1学期期末試験	田中花子	英語	88	
15	2021/01/07 20:37:31	1学期期末試験	田中花子	国語	93	
16	2021/01/07 20:37:43	1学期期末試験	田中花子	数学	81	
17	2021/01/07 20:37:56	1学期期末試験	中村サチ子	英語	71	
18	2021/01/07 20:38:08	1学期期末試験	中村サチ子	国語	73	
19	2021/01/07 20:38:18	1学期期末試験	中村サチ子	数学	80	
20	2021/01/07 20:39:34	第1回模擬試験	山田太郎	英語	87	実力発揮？
21	2021/01/07 20:39:57	第1回模擬試験	田中花子	英語	79	不調？
22	2021/01/07 20:40:14	第1回模擬試験	中村サチ子	英語	53	
23	2021/01/07 20:40:27	第1回模擬試験	山田太郎	国語	81	
24	2021/01/07 20:40:41	第1回模擬試験	田中花子	国語	82	
25	2021/01/07 20:40:53	第1回模擬試験	中村サチ子	国語	69	
26	2021/01/07 20:41:23	第1回模擬試験	山田太郎	数学	93	
27	2021/01/07 20:41:35	第1回模擬試験	田中花子	数学	70	
28	2021/01/07 20:41:48	第1回模擬試験	中村サチ子	数学	74	
29						

図 6-6-2　開かれたスプレッドシート。送信されたデータがすべて保存されている

07 表示をフィルタ処理しよう

Googleフォームを使ってどんどんデータを蓄積していくと、それらをうまく整理していかなければ収拾がつかなくなるでしょう。こういう「多量のデータを整理して扱う」ための機能も、Googleスプレッドシートにはいろいろと揃っています。

まずは、データの中から「必要なもの」だけを表示させてみましょう。これは「フィルタ」という機能を使います。フィルタは、特定の条件に合致したデータだけを表示するための機能です。

では、シートに記録されているデータの範囲をドラッグして選択してください。そして、「データ」メニューから「フィルタ表示」内にある「新しいフィルタ表示を作成」メニューを選びます。この「フィルタ表示」は、さまざまなフィルタを作成しておき、必要に応じてそれを適用できるようにする機能です。

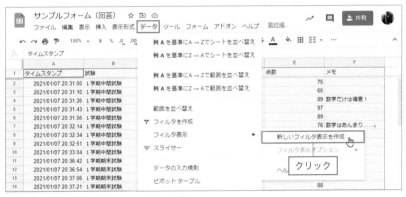

図 6-7-1　「新しいフィルタ表示を作成」メニューを選ぶ

シートのラベル表示部分（行名・列名が表示されている部分）が黒く変わり、その上部に「フィルタ 1」とテキストが表示されます。これは、フィルタの名前を設定するものです。

ここに「英語の結果」と入力し、enterを押しましょう。これで「英語の結果」というフィルタが作成されます。

図 6-7-2　フィルタ名を「英語の結果」と入力する

💡 特定の教科だけ表示する

　では、このフィルタで英語のデータだけを表示させてみましょう。「教科」と表示されたセルの右端に、小さなアイコン ▽ が表示されています。これをクリックしてください。メニューがプルダウン表示されます。

　「値でフィルタ」というところの下に「英語」「国語」「数学」…… といった項目が表示されていることでしょう。これは、「教科」に入力されている値のリストです。それぞれの項目の左側にはチェックマークが表示されており、その値がONであることを示します。

　これらの項目は、選択することでチェックをON/OFFできます。項目を選択し、「英語」だけがONに、他がすべてOFFになるようにしましょう。そして、そのまま下部にある「OK」ボタンをクリックすると、英語のデータだけが表示されるようになります。

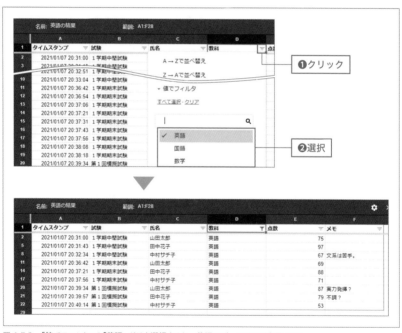

図 6-7-3　「値でフィルタ」で「英語」だけを選択すると、英語のデータだけが表示される

　これで、フィルタを使って特定のデータだけを表示することができるようになりました。もとに戻すには、「データ」メニューの「フィルタ表示」内から「なし」を選びます。これで、元のすべてのデータが表示される状態に戻ります。

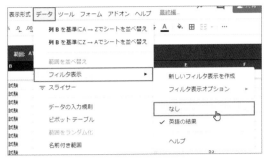

図 6-7-4 「フィルタ表示」メニューから「なし」を選ぶと元に戻る

　ここでは「教科」について、特定の値（サンプルでは「英語」）だけを表示しました。フィルタは、「教科」に限らず、「試験」や「氏名」の項目でも同様に利用できます。これらを使い、特定の試験や特定の生徒のデータだけを表示するフィルタを作成してみましょう。多量のデータから必要なものだけを表示し整理することができるようになります。

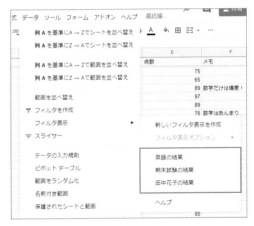

図 6-7-5
いくつかのフィルタを追加したところ。「フィルタ表示」からフィルタを選ぶだけで、特定のデータだけを表示できるようになる

　なお、フィルタ機能には実は2つあり、今回作成した「フィルタ表示」のほかに「フィルタを作成」という機能があります。2つの違いについて詳しくはP.217をご覧ください。

08 データをグラフ化しよう

　データは、グラフを使って視覚的に表すことで分析しやすくなります。が、こうした多量のデータをグラフ化する場合、やり方を間違えると膨大な項目のグラフを作ってしまいかねません。「多量のデータをグラフ化する」やり方を学びましょう。

　まず、新しいシートを作成し、グラフを作成しましょう。シートの一番下にあるシート名のタブ表示部分から、左端の「＋」アイコンをクリックして新しいシートを作成してください。そして、「挿入」メニューから「グラフ」を選んでグラフを作成します。

　ただし、新しいシートにはデータは何もありませんから、この状態ではグラフは何も表示されません（**図6-8-1**）。これに、別シートにあるデータを設定します。

図 6-8-1　新しいシートを作り、グラフを用意する

💡 データ範囲を設定する

　では、グラフにデータ範囲を設定しましょう。まず、実際にGoogleフォームから送信されたデータが保管されているシートの名前を確認しておきましょう。ここでは「フォームの回答 1」という名前であるという前提で説明を行います。

では、画面右側に表示されている「グラフエディタ」を見てください（表示されていない場合は、シートに挿入されているグラフをダブルクリックすると開かれます）。そして、「設定」画面にある「データ範囲」の値を以下のように設定します。

```
'フォームの回答 1'!B1:F○○
```

　他のシートにあるデータを参照する場合は、「シート名！レンジ」というように、最初にシートの名前を指定して、！記号の後にセルの範囲を記述します。ここでは、'フォームの回答 1'!の後にデータの範囲を指定します。

　データは**A**列〜**F**列の範囲に記述されています。そして**A1**行に各項目名があり、**A2**行目以降にデータが記述されています。ただし、**A**列には「タイムスタンプ」といってデータが送信された日時の情報が記録されており、この列はデータとは直接関係ないでしょう。そこで、**B1**から、最後の行の**F**列のセルまでの範囲を指定してください。例えば、100行目までデータがあるなら、「'フォームの回答 1'!B1:F100」とすればいいわけです。

　このように設定すると、グラフに表示されていた「データがありません」というメッセージが消え、グラフが現れます。ただし、現段階ではすべての項目が棒グラフとして表示されるので、あまり見やすいとはいえない状態になっているでしょう。

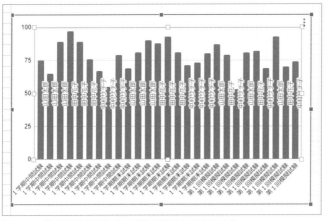

図 6-8-2　データ範囲を指定すると、グラフが表示されるようになる

フィルタリングしたデータをグラフ表示する

　先ほど、データの中から特定の物だけを表示する「フィルタ」を使いましたね。これを適用したらどうなるか試してみましょう。「ツール」メニューの「フィルタ表示」内から、先ほど作成した「英語を表示」メニューを選んでください。これで、英語のデータだけが表示されるようになります。

	A	B	C	D	E	F
	名前: 英語の結果		範囲: A1:F28			⚙
1	タイムスタンプ	試験	氏名	教科	点数	メモ
5	2021/01/07 20:31:43	1学期中間試験	田中花子	英語	97	
8	2021/01/07 20:32:34	1学期中間試験	中村サチ子	英語	67	文系は苦手。
11	2021/01/07 20:36:42	1学期期末試験	山田太郎	英語	69	
14	2021/01/07 20:37:21	1学期期末試験	田中花子	英語	88	
17	2021/01/07 20:37:56	1学期期末試験	中村サチ子	英語	71	
20	2021/01/07 20:39:34	第1回模擬試験	山田太郎	英語	87	実力発揮？
21	2021/01/07 20:39:57	第1回模擬試験	田中花子	英語	79	不調？
22	2021/01/07 20:40:14	第1回模擬試験	中村サチ子	英語	53	
29						

図 6-8-3　「英語を表示」フィルタで英語のデータだけを表示する

　シートを切り替えて、グラフを表示しましょう。すると、グラフに表示される項目も英語のみになっていることがわかります。フィルタを使うと、その範囲のデータを使ったグラフの表示も、フィルタにあわせて変更されます（**図6-8-4**）。

　フィルタを用意しておけば、このようにフィルタの設定を変更するだけで、データを参照するグラフも表示が更新されます。フィルタをうまく使えば、データから必要なものだけをグラフ化できるのです。

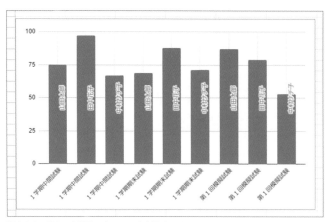

図 6-8-4　グラフが英語のデータのみを表示するようになる

09 集計結果をグラフ化しよう

　特定の項目ごとにデータを集計してグラフ化する、ということはよくあります。例えば、試験ごとの平均をグラフ化したり、生徒ごとの合計点をグラフ化する、というようなことです。

　こうした「特定項目ごとの集計」は、グラフで簡単に行えます。グラフエディタの「設定」画面から「X軸」「Y軸」という項目を探してください。これは、グラフのX軸とY軸に割り当てられている項目を示すものです。そしてX軸のところには項目名の下に「集計」というチェックボックスが用意されています。これは、データを特定項目で集計するためのものです。

　これをONにしてください。すると、下に集計する項目が現れます。デフォルトでは「氏名」「教科」「点数」「メモ」というように利用可能なすべての項目が表示されます。

図 6-9-1
「集計」をON にすると、集計する
項目の設定が下に表示される

Chapter 6

　この中から、不要なものを削除しましょう。項目の右端にある「 ⋮ 」をクリックして「削除」を選ぶと、その項目が削除されます。これを使い、「氏名」「教科」「メモ」の項目を削除しましょう。これで点数データを集計するようになります。

また、その上にあるＸ軸の項目も、クリックすると他の項目を選べるようになります。ここから、例えば「氏名」を選べば、それぞれの生徒ごとに点数を集計しグラフ化できます。この項目を操作し、試験ごとや教科ごとの集計結果をグラフ化することで、全体の傾向を調べることができるでしょう。

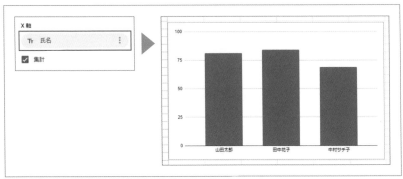

図 6-9-2　Ｘ軸に「氏名」を選ぶと、生徒ごとに集計した点数がグラフ化される

平均や中央値のグラフ

「集計」チェックボックスの下には、右側に「合計」というボタンのようなものがあり、クリックすると、集計の方法がポップアップ表示されます。

ここには、「平均」「カウント」「最大値」「中央値」「最小値」「合計」といった項目が用意されています。これらを選択することで、合計以外にも平均や最大値・最小値などでグラフを表示することができます。

図 6-9-3　集計の方式をメニューで選べる

10 ピボットテーブルで データ分析しよう

データの分析を行うツールとしてスプレッドシートに用意されているのが「ピボットテーブル」という機能です。これは、データの並べ替えやクロス集計など、データを分析するための様々な処理が行えるテーブルです。このテーブルは、ピボットテーブル化するデータの範囲を選択し、「データ」メニューの「ピボットテーブル」を選ぶだけで簡単に作成することができます。

実際にピボットテーブルでデータ分析を行ってみましょう。まずデータが記録されているシートに表示を切り替えてください。そしてデータの部分（1行目のA列から、データの最終行のF列まで）を選択し、「データ」メニューの「ピボットテーブル」を選んでください。

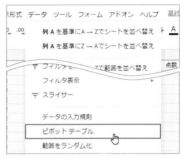

図 6-10-1　データを選択し、「ピボットテーブル」メニューを選ぶ

シートに「ピボットテーブルの作成」というパネルが現れます。ここで、すでにあるシートに作成をするか、新しいシートを作るかを選択します。ここでは「新しいシート」を選んだまま「作成」ボタンをクリックしましょう。

図 6-10-2　ピボットテーブルの作成画面。「新しいシート」を選んで作成する

ピボットテーブルが作られる

新しいシートが作られ、そこにピボットテーブル作成されます。右側には「ピボットテーブルエディタ」という表示がありますね。ここでピボットテーブルの設定を行います。

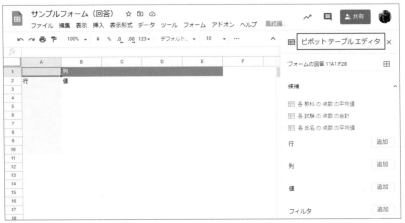

図6-10-3　ピボットテーブルと、ピボットテーブルエディタ

ここでは、生徒ごとにデータ分析を行いましょう。ピボットテーブルエディタの「行」にある「追加」ボタンをクリックし、プルダウンして現れる項目から「氏名」を選んでください。ピボットテーブルのA列に「氏名」と項目が表示され、各生徒の名前が表示されます。

同様に、「列」に「試験」、「値」に「点数」を追加してください。これでピボットテーブルにデータが表示されるようになります。各生徒の試験ごとの合計がテーブル表示されます。

図6-10-4　ピボットテーブルエディタで「行」「列」「値」を設定する

点数 の SUM	試験			
氏名	1学期期末試験	1学期中間試験	第1回模擬試験	総計
山田太郎	240	229	261	730
中村サチ子	224	201	196	621
田中花子	262	262	231	755
総計	726	692	688	2106

図 6-10-5　ピボットテーブルにデータが表示される

新たなピボットテーブルを追加する

　やり方がわかったら、ピボットテーブルをもう1つ作りましょう。データが記録されたシートに切り替え、データの範囲を選択して「データ」メニューから「ピボットテーブル」を選んでください。そして現れた「ピボットテーブルの作成」パネルで、「既存のシート」を選択します。その下に、範囲を指定する入力項目が現れるので、その右側にあるアイコン（「データ範囲を選択」アイコン）をクリックしてください。

図 6-10-6
ピボットテーブルを作成する。今回は「既存のシート」を選ぶ

　「挿入先」というパネルに表示が切り替わります。そのまま、先ほどのピボットテーブルのシートに表示を切り替え、**A8**セルをクリックして「OK」ボタンをクリックします（**図6-10-7**）。
　これで「挿入先」パネルのフィールドに、挿入先のセル名が入力され、「ピボットテーブルの作成」パネルに戻ります。そのまま「作成」ボタンをクリックしてください。**A8**セルに2つ目のピボットテーブルが作成されます。

4	中村サチ子	224	201	196	621
5	田中花子				
6	総計				
7					
8					
9					
10					
11					
12					
13					
14					

挿入先

'ピボット テーブル 1'!A8

❶クリック

キャンセル　OK　❷クリック

図 6-10-7　ピボットテーブルのシートの **A8** セルを選択する

　作成された2つ目のピボットテーブルを設定します。ピボットテーブルエディタから、「行」に「名前」を、「列」に「教科」を、「値」に「点数」をそれぞれ追加してください。

　これで、各生徒の教科ごとの点数がテーブル表示されます（**図6-10-8**）。

点数 の SUM	試験			
氏名	1学期期末試験	1学期中間試験	第1回模擬試験	総計
山田太郎	240	229	261	730
中村サチ子	224	201	196	621
田中花子	262	262	231	755
総計	726	692	688	2106

点数 の SUM	教科			
氏名	英語	国語	数学	総計
山田太郎	231	227	272	730
中村サチ子	191	197	233	621
田中花子	264	264	227	755
総計	686	688	732	2106

図 6-10-8　各生徒の教科ごとの点数が表示される

💡 さまざまな項目で分析しよう

　やり方がわかったら、さまざまな形でピボットテーブルを作成してみましょう。例えば、試験と教科で集計したピボットテーブルも作れるでしょう。

　同じ項目のテーブルでも、集計方式を変えるとまた違った分析が行えます。ピボットテーブルエディタの「値」のところに追加した項目を見てください。「集計」というところに「SUM」という表示がされています（**図6-10-9**）。これをクリックすると、集計に使用する関数を選択できるようになります。これで、例えば「AVERAGE」を選べば平均が表示されるようになります。

図 6-10-9
「集計」で集計方法を変更できる

　このように、いくつものピボットテーブルを作成し、さまざまな項目と集計方式を使ってデータを分析できます。

　さらに、ピボットテーブルを選択してグラフを作成し表示することも可能です。ピボットテーブルとグラフを駆使すれば、多量のデータをわかりやすく表示し分析できるようになります。

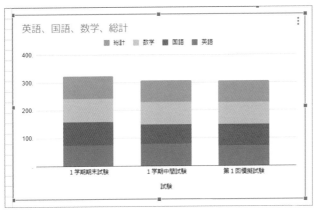

図 6-10-10　試験と教科でピボットテーブルを作成し、グラフ化した例

マクロで ピボットテーブルを作成する

　では、Google Apps Scriptを使ってピボットテーブルを作成するにはどうすれ
ばいいのでしょうか。これは、少し複雑です。ピボットテーブルを作成するメソッ
ドはちゃんと用意されているのですが、それに列・行・値の設定を行わないとピボッ
トテーブルにはなりません。作成のための手続きを理解する必要があります。では
順に説明をしましょう。

1. ピボットテーブルを作る

```
変数 =《Range》.createPivotTable(《Range》);
```

　ピボットテーブルの作成は、Rangeオブジェクトにある「createPivotTable」
というメソッドを使います。これは引数に、ピボットテーブルで参照するデータの
範囲（Range）を指定します。
　このメソッドは、ピボットテーブルを管理する「PivotTable」というオブジェ
クトを作成して返します。このオブジェクトのメソッドを呼び出して、ピボットテー
ブルの設定を行います。

2. 行グループを追加する

```
《PivotTable》.addRowGroup(列番号);
```

　まず、ピボットテーブルエディタで「行」に追加するデータを指定します。これは、
ピボットテーブルが参照している元のデータの「何列目のデータか」を番号で指定
します。一番左側の列を使うなら「1」となります。

3. 列グループを追加する

```
《PivotTable》.addColumnGroup(列番号);
```

　続いて、ピボットテーブルエディタの「列」に追加するデータを指定します。こ
れも参照している元データの何列目を使うか番号で指定します。

4. 値グループを追加する

```
《PivotTable》.addPivotValue(列番号, 関数の指定);
```

　残るは、ピボットテーブルの「値」に追加するデータの指定です。これは、第1引数に元データで使う列の番号を指定します。そして第2引数には、値からどのように処理した結果を表示するか、関数の種類を指定します。これは、Spreadsheet Appにある「PivotTableSummarizeFunction」というプロパティにまとめられている値を使います。用意されている主な関数は以下のようになります。

AVERAGE	平均
COUNT	データ数
MAX	最大値
MEDIAN	中央値
MIN	最小値
STDEV	標本に基づく標準偏差
STDEVP	母集団に基づく標準偏差
SUM	合計

💡 ピボットテーブルを作る

　では、データを選択して、そのピボットテーブルを作成するマクロを作成しましょう。ここでは、フォームから投稿されたデータを使い、教科と試験を行・列に指定したピボットテーブルを作るサンプルを挙げておきます。

リスト6-11-1

```
01  function makePivot() {
02    var sheet = SpreadsheetApp.getActiveSheet();
03    var src = sheet.getActiveRange(); ·····························1
04    var r = src.getLastRow();
05    var pivot = sheet.getRange(r + 2, 1).createPivotTable(src); ·····2
06    pivot.addRowGroup(4); // 教科を行に指定 ··················3
07    pivot.addColumnGroup(2); // 試験を列に指定
08    pivot.addPivotValue(5,SpreadsheetApp. →
        PivotTableSummarizeFunction.SUM); ··················
09  };
```

	A	B	C	D	E	F
1	タイムスタンプ	試験	氏名	教科	点数	メモ
24	2021/01/07 20:40:41	第1回模擬試験	田中花子	国語	82	
25	2021/01/07 20:40:53	第1回模擬試験	中村サチ子	国語	69	
26	2021/01/07 20:41:23	第1回模擬試験	山田太郎	数学	93	
27	2021/01/07 20:41:35	第1回模擬試験	田中花子	数学	70	
28	2021/01/07 20:41:48	第1回模擬試験	中村サチ子	数学	74	
29						
30	点数 の SUM	試験				
31	教科	1学期期末試験	1学期中間試験	第1回模擬試験	総計	
32	英語	228	239	219	686	
33	国語	247	209	232	688	
34	数学	251	244	237	732	
35	総計	726	692	688	2106	
36						
37						

図 6-11-1　選択したデータの下にピボットテーブルを作成する

　ピボットテーブルにするデータの範囲を選択し、makePivot関数を実行します。すると選択範囲の下にピボットテーブルを作成します。作成する位置に何らかのデータがすでにあるとうまく作成できない場合があるので注意してください。

　ここでは選択範囲とその一番下の行の番号をそれぞれ変数に取り出してから（■）、選択範囲の2行下にcreatePivotTableでピボットテーブルを作成しています（■）。そしてaddRowGroup、addColumnGroup、addPivotValueを順に呼び出し、「行」に教科、「列」に試験、「値」に点数をSUMで合計した値を組み込んでいます（■）。これでピボットテーブルが表示されます。

　ピボットテーブルは、作成する際に「どのデータをどのように指定してピボットテーブル化するか」を考えなければいけません。このため、データの内容によってメソッドで追加する列の番号が変わるため、データの内容に応じたマクロを作成する必要があります。

　addRowGroup、addColumnGroup、addPivotValue、この3つのメソッドでどの列を設定すべきか、この点をよく考えてマクロ化しましょう。

Chapter 7

Gmailと連携しよう

この章のポイント
- ・MailApp でデータをメール送信しよう
- ・HTML メールを送れるようになろう
- ・Gmail のスレッドをシートで整理しよう

01 Gmailでメール送信しよう

　データ分析などスプレッドシートの使い方から、再びGoogle Apps Scriptのマクロ作成に戻りましょう。Google Apps Scriptは、Googleスプレッドシートだけでなく、他のさまざまなGoogleのサービスでも使われています。ということは、そうしたサービスもGoogle Apps Scriptで操作できることになります。
　こうしたGoogleスプレッドシート以外のサービスと連携したマクロの作成について考えていくことにしましょう。まずは「Gmail」からです。

　Gmailは、電子メールの送受を行うGoogleのサービスですね。このGmailを利用するための機能は、実は2つあります。1つは、Gmailを利用してメールの送信を行う「MailApp」というサービス、もう1つがGmailにアクセスをする「GmailApp」というサービスです。もちろん、GmailAppでもメールの送信はできますが、MailAppのほうがずっとシンプルに行えます。もっとも単純なメールの送信は、以下のように書きます。

【書式】メールを送信する (1)

```
MailApp.sendEmail( 送信先, タイトル, 本文 );
```

　引数は3つあり、送信先のアドレス、タイトル、本文をそれぞれテキストで用意して呼び出します。送信元 (from) はありません。MailAppは、Google Apps Scriptのプロジェクトを作成したGoogleアカウントからメールを送信するため、送信元を設定する必要はないのです。

◯ メールを送ってみよう

　では、実際に簡単なサンプルを作成してメールを送ってみましょう。章ごとに練習用のファイルを分けたい場合は新しいファイルを作成し、「サンプルシート」のスクリプトエディタを開いてください。そして、以下の関数をスクリプトファイルに追記しましょう。

リスト7-1-1

```
01  function SendMail() {
02    const to = '…メールアドレス…'; // 要書き換え ···························■
03    const title = 'テストで送る';
```

```
04    const body = 'これは、テストで送信するメールです。';
05    MailApp.sendEmail(to, title, body);
06  };
```

　非常に単純ですね。■の定数toには、ご自身の送信先のメールアドレスを指定
してください。そして、SendMail関数を実行してみましょう。これは、Google
スプレッドシート側からマクロとして呼び出す必要はありません。スクリプトエディ
タで、エディタ上部の「実行する関数を選択」から「SendMail」を選択し、「実行」
ボタンを押してその場で実行できます。

図 7-1-1　エディタのツールバーから「SendMail」を選び「実行」ボタンを
　　　　　押して実行する

💡 Gmailの認証について

　ただし！　ボタンを押して実行しても、すぐにはメール送信は行われません。エディ
タに「承認が必要です」というアラートが現れたことでしょう。これは、Chapter 2
で初めてマクロを実行したときにも現れましたね。

　Google Apps Scriptでは、Googleのさまざまなサービスにアクセスできます
が、無条件にすべてを利用できるわけではありません。スクリプトから利用したい
サービスへのアクセスを許可する必要があります。そのために、サービスに自アカ
ウントからのアクセスを許可する「認証」という作業が必要になります。これは、
それを要求するものなのです。

　この認証作業は、これから先も何度か行うことになるので、ここで手順をよく頭
に入れておきましょう。

> 承認が必要です
>
> このプロジェクトがあなたのデータへのアクセス権限を必要と
> しています。
>
> 　　　　　　　　　　　　　　　　　キャンセル　[権限を確認]

図 7-1-2　「承認が必要です」というアラートが現れる

では、アラートの「権限を確認」ボタンをクリックしてください。新たにウインドウが現れ、そこで利用可能なアカウントが表示されます。このウインドウから、サービスにログインするアカウントを選択します。

図 7-1-3　アカウントの一覧が表示される

アカウントの設定状態によりますが、多くの場合、この後に「このアプリはGoogleで確認されていません」という警告が現れるでしょう。これは、Googleが安全を確認しているアプリ以外のものを認証しようとしている場合に、危険を知らせるため表示されます。自分で作ったスクリプトですから、「このアプリからアクセスしても安全である」ということを教える必要があるわけです。

ウインドウにある「詳細」というリンクをクリックしてください。下にさらに細かな情報が現れます。この一番下に「〇〇 (安全ではないページ) に移動」というリンクをクリックしてください (〇〇はスプレッドシート名)。

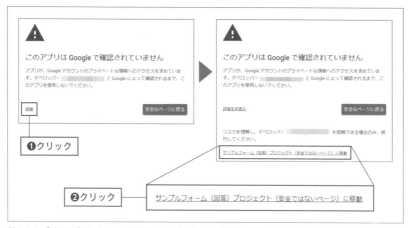

図 7-1-4　「このアプリは Google で確認されていません」という警告が現れる

ウインドウの表示が変わり、「○○がGoogleアカウントへのアクセスをリクエストしています」（○○はスプレッドシート名）と表示されます。このまま「許可」ボタンをクリックすれば、アクセスが許可され、Gmailの機能が利用可能になります。

図 7-1-5 「許可」ボタンをクリックしてアクセスを許可する

おそらく、スクリプト自体はメールが送られずに終了しているはずですので、もう一度、改めてSendMail関数を実行してください。今度は問題なく実行できるはずです。実行後、Gmailにアクセスしてメールが届いていることを確認しましょう。

図 7-1-6 Gmail で、届いたメールを確認する

02 データをメールで送信する

　メールの送信ができるようになると、さまざまなデータをメールで送ることを考えるようになります。スプレッドシートのデータをメールで送信できれば、かなり便利ですね。

　Chapter 6で、Googleフォームから送られたデータをGoogleスプレッドシートでまとめて利用する方法を学びました。このときに作成したスプレッドシートファイル（「サンプルフォーム（回答）」ファイル）のデータを送信してみましょう。

　スプレッドシートファイルを開いたら、「ツール」メニューの「スクリプトエディタ」を選んでスクリプトエディタを起動してください。そして、以下のような関数をスクリプトファイルに追記しましょう。

リスト7-2-1

```
01  function SendDataByMail() {
02    var r = SpreadsheetApp.getActiveRange(); ·················１
03    var v = r.getValues(); ··························２
04    var result = '※データを送信します。\n\n';
05    for(var i = 1;i < v.length;i++) { ···················３
06      result += v[i].join(', ') + '\n';
07    } ···············
08    result += '\n以上です。';
09    const to = '…メールアドレス…'; // 要書き換え ···············４
10    const title = 'データの送信';
11    MailApp.sendEmail(to, title, result);
12  };
```

　１では、SpreadsheetAppのgetActiveRangeメソッドで選択された範囲のRangeオブジェクトを取り出しています。そして、２のgetValuesでそのデータを取り出します。先の例と同様、４の定数toの値はご自身のメールアドレスに置き換えてください。

　getValuesで取り出されたデータは、各行のデータを配列にまとめた形になっていましたね。そして各行のデータも、やはり配列になっていました。つまり「配列の配列（2次元配列）」の形になっていたわけです。

　これをテキストにまとめるにはどうするのがいいのでしょうか。色々やり方はありますが、ここでは配列の「join」というメソッドを使ってまとめています。３の部分です。

```
for(var i = 1;i < v.length;i++) {
  result +=  v[i].join(', ') + '\n';
}
```

　joinは、配列のデータを1つのテキストにまとめて返すメソッドです。引数には、それぞれの値の間に挟むテキストを指定します。つまり、v[i].join(', ')とすると、変数v[i]にある配列の各値をカンマでつなげたテキストが取り出せるのです。

　その後にある'\n'というのは、改行コードを示す特別な記号です。これでテキストを改行しているのですね。こうして、vの配列にある各行のデータをテキストにまとめていけば、2次元配列をテキストとして取り出せるようになります。

💡 関数をマクロに登録する

　後は、この関数を実行するだけです。このマクロは、スクリプトエディタから直接実行することはできません。なぜなら、SpreadsheetApp.getActiveRangeで選択範囲を取り出して処理をしているからです。「getActive○○」という名前のメソッドは、現在使われているスプレッドシートから情報を取り出すものです。つまり、スプレッドシートが使われている状態でないといけないのです。

　では、スプレッドシートからマクロとして呼び出しましょう。「ツール」メニューの「マクロ」内から「インポート」メニューを選んでください。そして現れたパネルにある「SendDataByMail」の「関数を追加」をクリックしましょう。

図 7-2-1　「インポート」メニューで SendDataByMail 関数をインポートする

　これでSendDataByMail関数がインポートされました。では、SendDataByMailを使ってみましょう。

💡 マクロを実行しよう

　Googleフォームのデータが記録されているシートを表示し、送信したいデータを選択してください。その状態のまま、「ツール」メニューの「マクロ」内に追加された「SendDataByMail」メニューを選んで実行しましょう。

図 7-2-2
「SendDataByMail」メニューを選んで
関数を実行する

　実行後、Gmailで送られてきたメールをチェックしてください。選択した範囲のデータがちゃんとメールの本文に書き出されているのが確認できるでしょう。

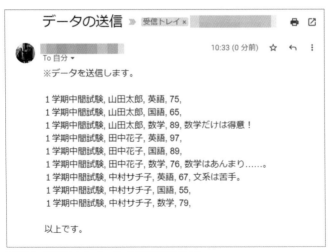

図 7-2-3　送信されたメール。データが書き出されている

03 HTMLメールを送る

スプレッドシートのデータを送信する場合、テキストだと多量のデータはかなり見づらくなってきます。こういう場合、HTMLメールを使ってテーブルなどにまとめて送ることができれば、ずいぶんと助かりますね。

MailAppでは、HTMLメールも送ることができます。MailApp.sendEmailでは、さまざまなオプション情報を追加してメールを送信したい場合のために、以下のような呼び出し方もできるようになっています。

【書式】メールを送信する (2)

```
MailApp.sendEmail( 設定情報 );
```

引数に、設定情報をまとめたオブジェクトを指定します。このやり方を使うと、送信先・タイトル・本文以外の情報を含めたものを用意してメール送信することができます。

ではHTMLメールを送る場合はどのような設定情報を用意すればいいのか。それは、「htmlBody」という値です。引数に用意するオブジェクトにこのhtmlBodyというプロパティを用意し、そこにHTMLのソースコードをテキストとして用意すればいいのです。こうすることで、そのHTMLの内容をメールとして送信することができます。

💡 データをテーブルにまとめて送る

では、実際の利用例を挙げておきましょう。**リスト7-2-1**のSendDataByMail関数を修正し、HTMLでデータをテーブルにまとめて送信するようにしてみましょう。これも、**2**のtoをご自身のメールアドレスに置き換えて実行してください。

リスト7-3-1

```
01 function SendDataByMail() {
02   var r = SpreadsheetApp.getActiveRange();
03   var v = r.getValues();
04   var result = '<table border="1"><thead>';  ……………………■
05   result += '<tr><th>' + v[0].join('</th><th>') + '</th></tr>';
06   result += '</thead><tbody>';
07   for(var i = 1;i < v.length;1++) {
08     result += '<tr><td>' + v[i].join('</td><td>') + '</td></tr>';
```

次ページに続きます▶

Chapter 7

```
09    }
10    result += '</tbody></table>'
11    var content = '<h1>Hello!</h1><p>これはサンプルで用意したメッセージ →
         です。</p>';
12    content += result;
13    const options = {
14      to: '…メールアドレス…',                               2
15      subject: 'HTMLメールを送る',
16      htmlBody:content,                                     3
17    };
18    // HTMLメールを送信
19    MailApp.sendEmail(options);
20  };
```

HTMLメールを送る » 受信トレイ ×

To 自分 ▾   9:28 (45 分前)

Hello!

これはサンプルで用意したメッセージです。

試験	氏名	教科	点数	メモ
1学期中間試験	山田太郎	英語	75	
1学期中間試験	山田太郎	国語	65	
1学期中間試験	山田太郎	数学	89	数学だけは得意！
1学期中間試験	田中花子	英語	97	
1学期中間試験	田中花子	国語	89	
1学期中間試験	田中花子	数学	76	数学はあんまり……。
1学期中間試験	中村サチ子	英語	67	文系は苦手。
1学期中間試験	中村サチ子	国語	55	
1学期中間試験	中村サチ子	数学	79	

図 7-3-1 HTML メールでデータが送られる

　シートのデータをドラッグして選択し、SendDataByMailマクロを実行します。
実行後、Gmailでメールをチェックしましょう。選択したデータがHTMLのテーブ
ルにまとめられて送られてくるのがわかります。
　■では、変数resultに、getValuesで取り出した2次元配列の値をHTMLの
<table>の形にしてまとめています。そして、これにタイトルなどのタグを追加し
て変数contentにまとめたものをhtmlBodyに設定して（③）送信をしています。
■のデータを<table>にまとめている部分は、複雑そうに思えるかもしれません

が、実は**リスト7-2-1**で作成したスクリプトと同じくjoinで配列をテキストにまとめているだけです。カンマの代りに</td><td>を間に挟んでテキストを作成し、その前に<tr><td>を、後に</td></tr>をつければ、HTMLのソースコードが完成します。つまり、こういうことですね。

元のデータ

```
['太郎', '英語', 75]
```

間に</td><td>を挟んでjoinする

```
'太郎</td><td>英語</td><td>75'
```

前後にHTMLタグを付け足す

```
'<tr><td>太郎</td><td>英語</td><td>75</td></tr>'
```

　これを配列のすべての要素ごとに行って1つにつなげれば、2次元配列を<table>に変換することができます。joinを使った配列をテキストに変換する手法は、こんな具合にいろいろな応用ができるのです。

HTMLのテーブルについて

　この項目は、HTMLでのテーブル作成を理解していないと難しいかもしれません。
　以下に、今回のスクリプトで組み立てられるテーブルのコードの一部と説明を簡単にまとめておきます。

```
01  <table> //テーブル全体を囲む
02    <thead> //テーブルの見出し部分を囲む
03      <tr> //テーブルの横1行を示す
04        <th>試験</th><th>氏名</th><th>教科</th><th>…</th> ⏎
          //見出し用のセルであることを示す
05      </tr>
06    </thead>
07
08    <tbody> //テーブルの本体部分を囲む
09      <tr>
10        <td>中間試験</td><td>山田太郎</td><td>英語</td><td>…</td> ⏎
          //本体のデータが入ったセルであることを示す
11        <td>…</td><td>…</td><td>…</td><td>…</td>
12      </tr>
13    </tbody>
14  </table>
```

04 グラフをメールで送信するには?

シートのデータをテキストにまとめてメールで送信できることはわかりました。では、セルの値以外のものはどうでしょうか。例えば、シートに作成したグラフをメールで送信することは可能でしょうか。

これも、実は可能です。グラフのデータは、シートのオブジェクト (Sheet) にある「getCharts」というもので取り出すことができます。これはシート内のグラフを「Chart」というオブジェクトの配列として取り出すものです。

さらにこのChartの「getAs」というメソッドを使います。これは、グラフのグラフィックを特定のフォーマットのデータとして取り出すものです。

【書式】グラフのグラフィックをデータとして取り出す

```
変数 =《Chart》.getAs( フォーマット指定 );
```

引数には、取り出すグラフィックフォーマットをテキストで指定します。例えば、JPEGならば'image/jpeg'と指定しますし、PNGならば'image/png'と指定します。

こうして取り出されたグラフィックのデータは、オブジェクトにまとめて、メール送信時に「inlineImages」という値として渡します。これで、HTMLメールにデータが追加されるようになります。

![電球アイコン] グラフをメールで送る

では、実際にやってみましょう。シートにあるグラフをメールで送信するマクロを考えてみます。今回は、送信内容が全く違うものになるので、新しい関数として作成することにしましょう。以下のsendEmailWithChart関数をスクリプトに追記してください。例によって、**4**のtoにはそれぞれのメールアドレスを指定しましょう。

リスト7-4-1

```
01  function sendEmailWithChart(){
02    const sheet = SpreadsheetApp.getActiveSheet(); ……………………1
03    const charts = sheet.getCharts(); …………………………2
04    var body="<h1>Chart!</h1>";
05    const images={};
```

```
06    for (var i = 0;i < charts.length;i++) {  ···································· 3
07      const img = charts[i].getAs("image/png")
08        .setName('chartdata' + i + '.png');
09      images['chart' + i] = img;
10      body += '<div><img src="cid:chart' + i +'"></div>';
11    }  ·······································································
12
13    const options = {
14      to: '…メールアドレス…',  ····························· 4
15      subject: 'グラフの送信',
16      htmlBody: body,
17      inlineImages:images
18    };
19    MailApp.sendEmail(options);
20  };
```

　スクリプトを保存したら、この関数をマクロに追加しましょう。やり方はもうわかりますね？　「ツール」メニューの「マクロ」から「インポート」メニューを選び、現れたパネルから、sendEmailWithChartの「関数を追加」をクリックします。これでsendEmailWithChartがマクロにインポートされ、「マクロ」メニューに追加されます。

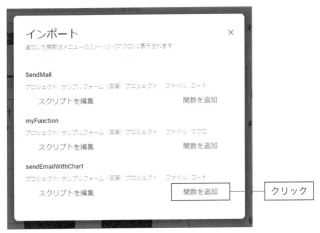

図 7-4-1　「インポート」メニューを選び、sendEmailWithChart をインポートする

　インポートができたら、グラフが表示されているシートに切り替え、「ツール」メニューの「マクロ」に追加された「sendEmailWithChart」メニューを選んで実行しましょう。そのシートにあるグラフをメールに添付して送信します。

■では、getActive
Sheetで開いているシー
トのオブジェクトを取り出
し、そこからgetCharts
でチャートのオブジェクト
配列を変数chartsに取
り出しています（■）。そ
して繰り返しを使い、この
chartsから順にオブジェ
クトのPNGフォーマット
データを取り出して、あら
かじめ用意しておいた
imagesオブジェクトに
データを保管する、という
ことを行っています（■）。

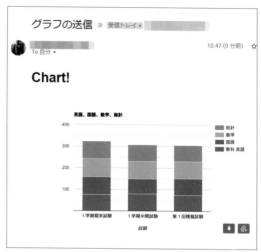

図7-4-2　グラフがメールに添付されて送られる

```
for (var i = 0;i < charts.length;i++) {
    const img = charts[i].getAs("image/png") ·····························3 a
        .setName('chartdata' + i + '.png'); ························3 b
    images['chart' + i] = img; ····················3 c
    body += '<div><img src="cid:chart' + i +'"></div>'; ··················3 d
}
```

3 aではgetAs("image/png")でcharts[i]のPNGデータを取り出してい
ます。この後でさらに「setName」というメソッドを呼び出していますが（3 b）、
これはデータに名前を設定するものです。メールに表示されたイメージのファイル
名として使われます。

3 cでimagesに、images['chart' + i] = img;というようにして
「chart番号」という名前を付けてデータを保管するようにしてあります。最初の
ものは'chart0'、次が'chart1'といった具合ですね。

この名前は、実は重要です。その後、3 dで変数bodyにイメージを表示するた
めの<img>のテキストを追加していますが、ここでは<img src="cid:chart'
+ i +'">というように値を用意していますね？　表示するイメージを示すsrcに、
「cid:chart番号」いう値を設定しています。

このように、cid:の後にinlineImagesで設定されたオブジェクト内の値の
名前を指定することで、そのイメージを<img>に表示できるようになります。なお、
この<img>タグを本文に用意しなければ、イメージはメール内には表示されず、そ
のまま添付ファイルとして送られます。

05 Gmailの受信トレイを シートに出力する

　スプレッドシートから必要な情報をGmailに送ることはできるようになりました。今度は、反対に「Gmailの情報をスプレッドシートに送る」ということを考えてみましょう。

　Gmailはたくさんのメールを整理できますが、受信したメールの情報をもっとわかりやすく整理したいこともあります。例えば、届いたメールの送信者や受信日時などをすべてスプレッドシートに取り込んで整理できると、各曜日やアカウントごとに届くメールを分析することも簡単にできそうですね。

　こうした「メールの情報をスプレッドシートに出力する」ということは、それほど難しくはありません。Gmailの情報は、「GmailApp」というオブジェクトを使って操作します。まずは、「受信トレイ」にあるメールの取得について説明しましょう。

【書式】受信トレイのスレッドを得る

```
変数 = GmailApp.getInboxThreads();
```

　受信トレイにあるメール類は、GmailAppの「getInboxThreads」というメソッドで得ることができます。これは、受信トレイにあるメール類のスレッドを返すものです。

　Gmailでは、メール類は「スレッド」と「メッセージ」の組み合わせで管理されています。getInboxThreadsを使ってまず受信トレイにあるすべてのスレッドを取り出し、各スレッドから中にあるメッセージを取り出していきます。

　このgetInboxThreadsで得られるのは、「GmailThread」というオブジェクトの配列です。

【書式】スレッドのメッセージを得る

```
変数 =《GmailThread》.getMessages();
```

　GmailThreadは、スレッドを管理するオブジェクトです。ここから、スレッド内にあるメール（メッセージ）を取り出すことができます。それを行うのが「getMessages」メソッドです。これは、スレッド内のメッセージを配列で取り出すためのものです。

　メッセージは、「GmailMessage」というオブジェクトとして用意されています。ここから、メッセージの各種情報を取り出し利用します。GmailMessageに用意

されている主な情報取得のためのメソッドを以下に挙げておきましょう。

処理	メソッド
送信者を得る	《GmailMessage》.getFrom()
送信先を得る	《GmailMessage》.getTo()
タイトルを得る	《GmailMessage》.getSubject()
メッセージの日時を得る	《GmailMessage》.getDate()
テキスト本文を得る	《GmailMessage》.getPlainBody()

これらは、getDate以外はすべて戻り値がテキストになります（getDateは Dateオブジェクト）。これらを使って必要なデータを取り出し、それを2次元配列にまとめてsetValuesすれば、メールの情報をシートに出力できますね。

受信トレイのメッセージをシートに書き出す

では、実際にサンプルを作ってみましょう。スクリプトエディタで、以下の関数を追記してください。

リスト7-5-1

```
01  function importInBox() {
02    const result = [];
03    const threads = GmailApp.getInboxThreads();  ·······························1
04    for(var i = 0;i < threads.length;i++) {  ···················2
05      const msgs = threads[i].getMessages();  ············
06      for(var j = 0;j < msgs.length;j++) {  ·······················3
07        const msg = msgs[j];
08        const msgdata = [
09          msg.getFrom(),
10          msg.getSubject(),
11          msg.getDate().toLocaleString()
12        ];
13        result.push(msgdata);
14      };  ·································································
15    };
16    const sheet = SpreadsheetApp.getActiveSheet();  ···························4
17    const range = sheet.getRange(1, 1, result.length, 3);
18    range.setValues(result);  ··························
19  };
```

ここでは、importInBoxという関数として用意をしました。「ツール」メニューの「マクロ」から「インポート」メニューを選んで、作成したimportInBox関数をマクロに追加してください。

図 7-5-1　「インポート」メニューで現れたパネルから「importInBox」関数を追加する

　スプレッドシートに新しいシートを作成し、「マクロ」メニューから「importBox」を選んで実行しましょう。これで、自身のGmailの受信トレイにあるメールの送信アドレス、タイトル、日時といった情報をシートに書き出します。

	A	B	C
1		グラフの送信	2021/1/12 13:01:35
2		HTMLメールを送る	2021/1/12 9:28:10
3		データの送信	2021/1/9 10:33:00
4			
5			

図 7-5-2　受信トレイにあるメールの情報が書き出される

処理の流れを整理しよう

　では、実行している処理を見てみましょう。**1**では、まず受信トレイにあるスレッドをすべて変数threadに取り出します。

```
const threads = GmailApp.getInboxThreads();
```

　続いて**2**で繰り返しを使い、threadsの各オブジェクトからメッセージ配列を変数に取り出します。

```
for(var i = 0;i < threads.length;i++) {
  const msgs = threads[i].getMessages();
```

　threads[i]のgetMessagesメッセージで、i番目のスレッドのメッセージがすべてまとめてmsgsに取り出されます。

後は、この msgs から順にメッセージを取り出し、その値を配列にまとめていくだけです（**3**）。

```
for(var j = 0;j < msgs.length;j++) {
  const msg = msgs[j];  ·············· 3 a
  const msgdata = [  ······························· 3 b
    msg.getFrom(),
    msg.getSubject(),
    msg.getDate().toLocaleString()
  ];  ····················
  result.push(msgdata);  ··············· 3 c
};
```

msgs[j] の値を msg に取り出し（**3 a**）、msg の情報を msgdata というオブジェクトにまとめます（**3 b**）。そして、これを result に push で追加します（**3 c**）。これで result に各メッセージの情報を配列にまとめたものが蓄積されていきます。

後は、この result をシートに書き出すだけです。これは getRange で値を書き出すレンジを取得し、そこに setValues で値を設定します（**4**）。

```
const sheet = SpreadsheetApp.getActiveSheet();
const range = sheet.getRange(1, 1, result.length, 3);  ·············· 4 a
range.setValues(result);
```

P.127 でも説明しましたが、setValues で値を設定する場合は、設定する2次元配列と、設定するレンジの範囲が一致していないといけません。そこで **4 a** では、getRange(1, 1, result.length, 3) というようにして、行数を result.length（result の要素数）、列数を3（msgdata 配列の要素数）にして範囲を指定し、result の値を設定しています。

2次元配列の要素の数をよく考えて範囲指定を間違えなければ、値の表示はそれほど難しくはありませんよ！

06 その他のスレッド取得

　ここでは受信トレイからスレッドを取り出し処理をしましたが、それ以外のところにあるスレッドももちろん取り出すことができます。以下に主なメソッドをまとめておきましょう。

処理	メソッド
重要スレッドを取得	GmailApp.getPriorityInboxThreads();
スター付きスレッドを取得	GmailApp.getStarredThreads();
迷惑メールのスレッドを取得	GmailApp.getSpamThreads();
ゴミ箱のスレッドを取得	GmailApp.getTrashThreads();
下書きのメッセージを取得	GmailApp.getDrafts();
チャットのスレッドを取得	GmailApp.getChatThreads();

　重要・スター付きのスレッドは、比較的よく用いられるトレイでしょう。また迷惑メールやゴミ箱をチェックできると、大切なメールが消されないようにできますね。これらは、いずれもメソッドを呼び出すだけでスレッドをすべてまとめて取り出すことができます。

　唯一、注意が必要なのは、下書きを取り出す「getDrafts」です。これだけは、スレッドではなくメッセージの配列が返されます。

　また、メソッドによっては膨大な数のスレッドが取り出される場合もあります。このような場合は、第2、3引数に取り出すスレッドの位置と数を指定できます。

【書式】取り出し位置と数を指定してスレッドを取り出す

```
get○○Threads( 位置 , 数 );
```

　例えば、getPriorityInboxThreads(0, 10)とすれば、重要に設定されているスレッドの最初の10個だけが取り出されます。

07 検索でスレッドを得る

　この他、メールにラベルを付けて管理している人も多いことでしょう。また、プロモーションなどのカテゴリでメールを仕分けしている人も多いはずです。こうしたものを使ったスレッドの取得は、「search」という検索のためのメソッドを使うことができます。

【書式】スレッドを検索する

```
変数 = GmailApp.search( 検索テキスト );
```

　引数には、検索するテキストを指定します。これで、検索されたスレッドがすべて取り出せます。特定のラベルで検索したい倍は、"label:ラベル名"というように引数を指定します。

　またカテゴリを使う場合は、"category:カテゴリ名"とすれば指定のカテゴリのスレッドを取り出せます。例えばプロモーションならば、"category:promotions"とすればスレッドを取得できます。

　この他、もちろん通常のテキストによる検索も行うことができます。また、重要スレッドやスター付き、迷惑メールといったものも、実はsearchで取り出すことができるのです。これらは、それぞれ"is:important"、"is:starred"、"in:spam"と検索して得ることができます。受信トレイ以外のものは、すべてsearchで検索して取り出せるのです。

　Gmailでラベルやカテゴリ、その他の項目をクリックしてメールを表示させると、上部の検索フィールドにテキストが表示されます（**図7-7-1**）。これが検索条件のテキストです。このテキストをsearchで検索すれば、全く同じスレッドが得られます。

図 7-7-1　Gmail 左側の受信トレイなどの項目をクリックすると検索フィールドにテキストが表示される

💡 テキストで検索する

　では、検索を使ったサンプルをあげておきましょう。ここでは、searchThreds という関数として用意しました。スクリプトエディタで記述後、スプレッドシートの「ツール」メニューの「マクロ」にある「インポート」を使って、searchThreds をインポートして利用しましょう。

リスト7-7-1

```
01  function searchThreds() {
02    const ui = SpreadsheetApp.getUi();
03    const res = ui.prompt('検索テキストを入力:', ⏎
      ui.ButtonSet.OK_CANCEL);
04    if (res.getSelectedButton() == ui.Button.OK) {
05      const find = res.getResponseText();
06      const result = [];
07      const threads = GmailApp.search(find ,0, 100); ·············1
08      for(var i = 0;i < threads.length;i++) {
09        const msgs = threads[i].getMessages();
10        for(var j = 0;j < msgs.length;j++) {
11          const msg = msgs[j];
12          const msgdata = [
13            msg.getFrom(),
14            msg.getSubject(),
15            msg.getDate().toLocaleString()
16          ];
17          result.push(msgdata);
18        };
19      };
20      const sheet = SpreadsheetApp.getActiveSheet();
21      const range = sheet.getRange(1, 1, result.length, 3);
22      range.setValues(result);
23    }
24  };
```

　マクロを実行すると、シート上に検索テキストを入力するダイアログが現れます。ここでテキストを記入しOKすると、そのテキストを含むスレッドを最大100個まで検索し、そのメッセージの送信者・タイトル・日時をシートに出力します（図7-7-2）。

　スレッドを取得するのにGmailApp.searchを使っているぐらいで（1）、取り出したスレッドの処理は先に作成したサンプル（リスト7-5-1）と同じですから説明は割愛します。

図 7-7-2　ダイアログにテキストを入力すると、そのテキストを含むスレッドを出力する

08 データ探索で分析しよう

Gmailからスプレッドシートに取り込まれたデータは、どういう使い方ができるのか？　と思った人も多いことでしょう。そう疑問を感じている人は、右下に見える「データ探索」というボタンをクリックしてみてください。シート右側に、データ活用のヒントが現れます。

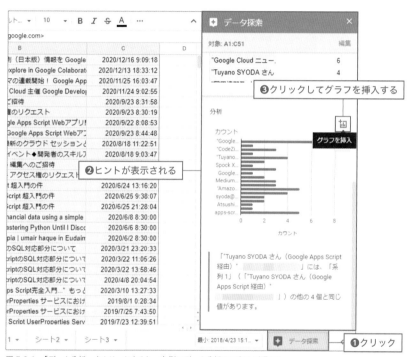

図 7-8-1　「データ分析」をクリックすると、右側にデータ分析のパネルが現れる

ここにある「分析」というところに、データをグラフ化するための項目がいくつか表示されます。これらを使うことで、データをグラフにして分析することができます。もっともわかりやすい分析は、送信者ごとにメールをグラフ化するものでしょう。これにより、どの送信者からどれだけメールが送られてきているかがわかります。もっとも重要度の高い相手が（あるいは、もっともしつこくプロモーションメールを送ってくる企業も？）わかりますね。

このように、メールもただ保存しておくだけでなく、それをスプレッドシートに出力して分析することで、いろいろと面白い情報が得られます。スプレッドシートは、単に表やグラフを作るだけでなく、こうした「データ分析」でも威力を発揮します。

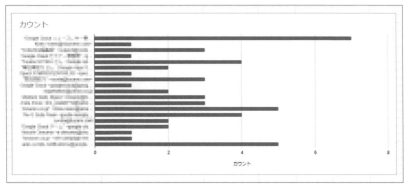

図 7-8-2　データ分析を使い、送信者別にグラフ化した例

Chapter 8

Googleカレンダーと
連携しよう

この章のポイント
- Calendarオブジェクトでカレンダーの情報を取り出そう
- CalendarEventオブジェクトでイベント情報を利用しよう
- Googleスプレッドシートのフィルタを自動化しよう

Google カレンダーを使うには？

Gmailの次に多くの個人的なデータを扱うGoogleのサービスは何でしょうか。人によって異なるでしょうが、「Googleカレンダー」を挙げる人は多いでしょう。

Googleカレンダーでは、さまざまなスケジュールを入力し管理します。単発の予定もあれば、定期的に繰り返すものもあります。こうしたスケジュールの情報は、月や週単位で表示しチェックすることはよくありますが、一定期間の予定を一覧表示し分析するようなことはほとんどないでしょう。Googleカレンダーにもそのための機能はありませんから。

しかし、スケジュールをそのままGoogleスプレッドシートに出力できれば、多数のスケジュールデータを分析することができるようになります。そのためには、Googleカレンダーのデータをどうやって取り出し利用するのか学ばなければいけません。

カレンダーとイベント

Googleカレンダーのデータは、大きく2つのもので構成されています。それは「カレンダー」と「イベント」です。

カレンダー	予定をまとめて管理するものです。Googleカレンダーでは複数のカレンダーを作成して利用できます
イベント	カレンダーに追加される特定の日時の予定です。予定の内容に応じていくつかイベントの種類があります。一般的なイベントの他、終日イベントや定期実行するイベントなどはそれぞれ別に管理されています

Googleカレンダーのデータを扱うためには、まずGoogleカレンダーからカレンダーのオブジェクトを取り出し、そこからカレンダー内に用意されているイベントのオブジェクトを取り出していきます。イベントはカレンダーに組み込まれていますから、「どのカレンダーに必要なイベントが組み込まれているか」をよく考えながら処理をしていく必要があります。

02 カレンダーを取得しよう

では、カレンダーの取得から説明しましょう。Googleカレンダーの機能は、「CalendarApp」というオブジェクトとして用意されています。ここからメソッドを呼び出してカレンダーのオブジェクトを取り出します。主なメソッドには以下のものがあります。

用途	メソッド
すべてのカレンダーを配列にまとめて取得する	`CalendarApp.getAllCalendars();`
デフォルトのカレンダーを取得する	`CalendarApp.getDefaultCalendar();`
カレンダーIDを指定して取得する	`CalendarApp.getCalendarById( ID値 );`
カレンダーの名前で取得する	`CalendarApp.getCalendarsByName( 名前 );`

これらの内、getDefaultCalendarとgetCalendarByIdは対応するカレンダーのオブジェクトをそのまま返します。getAllCalendarsとgetCalendarsByNameは、該当するカレンダーすべてを配列にまとめて返します。

これらのメソッドで得られるものは「Calendar」というオブジェクトです。このCalendarからカレンダーに関する情報を得たり、カレンダーを操作するメソッドを呼び出したりします。

Calendarのメソッドについて

Calendarオブジェクトには、そのカレンダーに関する各種の設定情報が保管されています。これらはすべてメソッドを呼び出して得ることができます。主なメソッドを以下にまとめておきましょう。

用途	メソッド
カレンダーIDを取得する	`《Calendar》.getId();`
カレンダーの名前を得る	`《Calendar》.getName();`
カレンダーの説明テキストを得る	`《Calendar》.getDescription();`
カレンダーに設定されたカラーを得る	`《Calendar》.getColor();`
カレンダーが選択されている（表示されている）かどうかを調べる	`《Calendar》.isSelected();`

isSelected以外のものはすべて戻り値がテキストになります。isSelected
は真偽値（Boolean）の値になります。また、getId以外はすべて値の変更を行う
メソッドも用意されています。変更のためのメソッドを以下にまとめておきます。

用途	メソッド
カレンダーの名前を変更する	《Calendar》.setName(テキスト);
カレンダーの説明テキストを設定する	《Calendar》.setDescription(テキスト);
カレンダーにカラーを設定する	《Calendar》.setColor(テキスト);
カレンダーの選択状態を変更する	《Calendar》.setSelected(真偽値);

　上記のメソッドも、setSelectedだけ真偽値の引数になりますが、それ以外の
ものはすべてテキストを引数に指定します。これでCalendarの基本的な情報が利
用できるようになります。

カレンダーのIDは？

　これから先、本書のサンプルでは扱いが簡単なgetDefaultCalendarを使ってデフォル
トカレンダーを操作していきます。しかし実際の開発では、特定のカレンダーを操作したいこと
も多いでしょう。そのような場合は、getCalendarByIdでIDを指定してカレンダーを取り出
し操作することになります。

　そのためには、カレンダーのIDがわからないといけません。これは、簡単に調べることがで
きます。Googleカレンダーを開くと、左側にカレンダーのリストが表示されているでしょう。
そこから、利用したいカレンダー名の右端にある「?」をクリックし、現れたメニューから「設
定と共有」を選びます。これでカレンダーの設定情報が表示されます。

　その中の「カレンダーの統合」というところにカレンダーIDが掲載されています。このIDを
使って、getCalendarByIdを呼び出せば、指定のカレンダーを操作できます。

03 カレンダー情報を表示する

　では、実際にカレンダーを表示してみましょう。章ごとに練習用のファイルを分けたい場合は新しいファイルを作成し、スクリプトエディタを開いてください。そして、以下のgetCalendars関数を適当な場所に記述してください。

リスト8-3-1

```
01  function getCalendars(){
02    const sheet = SpreadsheetApp.getActiveSheet();
03    const cals = CalendarApp.getAllCalendars();          ■1
04    var n = 1;
05    for (var i in cals){          ■2
06      var cal = cals[i];
07      sheet.getRange(n, 1).setValue(cal.getName());          ■3
08      sheet.getRange(n, 2).setValue(cal.getId());
09      sheet.getRange(n, 3).setValue(cal.getDescription());
10      sheet.getRange(n, 4).setValue(cal.getColor());
11      sheet.getRange(n, 5).setValue(cal.isSelected());
12      n++;
13    }
14  }
```

　これも実行すると、Googleカレンダーへのアクセスを要求してくるでしょう（**図8-3-1**）。すでに認証作業はやりましたから、手順はもうわかりますね？　「承認が必要」というアラートが現れたら、「続行」ボタンを選び、ポップアップして現れるウインドウで自アカウントを選択し、Googleアカウントへのリクエストを許可します。これでスクリプトが実行できるようになります。

図 8-3-1
実行すると、「承認が必要」アラートが現れるので、Googleアカウントの認証作業を行う

　実行する際は、新しいシートを用意してください。シートを開いた状態でスクリプトを実行すると、アカウントで利用しているすべてのカレンダーの名前とID、説明、カラー、利用状態などを現在開いているシートの**A1**セルから書き出します。

図 8-3-2　利用しているカレンダーの名前や ID などが一覧表示される

カレンダーの取得と利用

　実行しているGoogleカレンダー利用の処理を簡単に整理しましょう。まず、■1 ですべてのカレンダーを取得します。

【書式】すべてのカレンダーの取得

```
const cals = CalendarApp.getAllCalendars();
```

　これで、アカウントで利用しているすべてのCalendarオブジェクトの配列が calsに得られました。ここから■2で繰り返しを使って順にオブジェクトを取り出し ていきます。

```
for (var i in cals){
  var cal = cals[i];
```

　forでcals[i]の値を取り出していますね。これでCalendarオブジェクトが 得られました。後は、メソッドを呼び出して各セルに書き出していくだけです (■3)。

```
sheet.getRange(n, 1).setValue(cal.getName());
sheet.getRange(n, 2).setValue(cal.getId());
sheet.getRange(n, 3).setValue(cal.getDescription());
sheet.getRange(n, 4).setValue(cal.getColor());
sheet.getRange(n, 5).setValue(cal.isSelected());
```

　getName、getId、getDescription、getColor、isSelectedといった メソッドでCalendarの情報を読み取り、セルに設定しています。isSelected 以外のメソッドで得られる値はテキストですから、そのままsetValueすれば値を 書き出すことができますね（なお、isSelectedもTRUE/FALSEというテキスト として書き出せます）。

04 カレンダーのイベント

カレンダーは、さまざまな予定を「イベント」として保管しています。このイベントを取り出すメソッドもCalendarオブジェクトには用意されています。用意されている主なイベント取得メソッドを整理しておきましょう。

用途	メソッド
指定のIDのイベントを得る	《Calendar》.getEventById(イベントID);
特定の日のイベントを得る	《Calendar》.getEventsForDay(《Date》);
指定した範囲のイベントを得る	《Calendar》.getEvents(《Date》,《Date》);

イベントのIDを指定するgetEventByIdを使うと、イベントのオブジェクトが得られます。その他の2つは、イベントのオブジェクトを配列にまとめたものが返されます。これらのメソッドのうち、注意が必要なのはgetEventsです。これは、日時を表す「Date」というオブジェクトを2つ引数に指定します。これで、最初と最後の日時を指定し、その範囲内のイベントを取り出します。ここでしっかり頭に入れておきたいのは、「最後の日時は、範囲に含まれない」という点です。

つまり、getEvents([最初], [最後])と実行すると、取得されるのは、[最初]から[最後]まで、ではなく、[最後]の直前まで、になります。[最後]に指定された日時のイベントは含まれないのです。

💡 CalendarEventオブジェクトの情報を得るには

これらのメソッドで返される「CalendarEvent」オブジェクトのメソッドを使って、イベントに関するさまざまな情報を得ることができます。getStartTimeとgetEndTimeでは、日時を扱うDateオブジェクトが返され、それ以外のものはテキストが返されます。

用途	メソッド
イベントIDを得る	《CalendarEvent》.getId();
イベントのタイトルを得る	《CalendarEvent》.getTitle();
イベントの説明テキストを得る	《CalendarEvent》.getDescription();
イベントの開始日時を得る	《CalendarEvent》.getStartTime();
イベントの終了日時を得る	《CalendarEvent》.getEndTime();

では、実際にイベントを取り出して情報をスプレッドシートに出力する例をあげましょう。

ここでは、今月のイベントをすべて取り出して表示させてみます。

リスト8-5-1

```
01  function getCalEvents(){
02    const sheet = SpreadsheetApp.getActiveSheet();
03    const cal = CalendarApp.getDefaultCalendar();  ·································1
04    const d1 = new Date();  ·································2
05    d1.setDate(1);
06    d1.setHours(0);
07    d1.setMinutes(0);
08    d1.setSeconds(0);
09    const d2 = new Date();  ·································3
10    d2.setDate(1);
11    d2.setMonth(d2.getMonth() + 1);
12    d2.setHours(0);
13    d2.setMinutes(0);
14    d2.setSeconds(0);
15    var evts = cal.getEvents(d1,d2);  ·································4
16    if (evts.length > 0){
17      const data = [['タイトル','説明','開始日','終了日']];
18      sheet.getRange(1, 1, 1, 4).setValues(data);
19      for (var i in evts){
20        var j = i * 1 + 2;
21        var evt = evts[i];
22        sheet.getRange(j, 1).setValue(evt.getTitle());
23        sheet.getRange(j, 2).setValue(evt.getDescription());
24        sheet.getRange(j, 3).setValue(evt.getStartTime());
25        sheet.getRange(j, 4).setValue(evt.getEndTime());
26      }
27    }
28  }
```

これも**A1**セルを起点にデータを書き出していくので、新しいシートを用意して実行したほうが良いでしょう。

実行すると、デフォルトのカレンダーに設定されている今月の予定をすべてスプレッドシートに出力します（**図8-5-1**）。

	A	B	C	D
1	タイトル	説明	開始日	終了日
2	仕事初め！		2021/01/04	2021/01/05
3	月始めの打ち合わせ		2021/01/04	2021/01/04
4	マイナビ打ち合わせ		2021/01/06	2021/01/06
5	Google講習会	Google本社ビル７階にて	2021/01/07	2021/01/09
6	ピアノ発表会	佐倉市音楽ホール	2021/01/09	2021/01/09
7	成人式		2021/01/11	2021/01/11
8	ウィシュトンホテル予約	前日までに予約しておくこと。	2021/01/13	2021/01/14
9	ムック締切	担当：山田さん。	2021/01/15	2021/01/16
10	東京に出張	グランドブタペストホテル予約	2021/01/18	2021/01/20
11	単行本GSuite締切	担当：田中さん。	2021/01/21	2021/01/22
12	単行本GSuite初校	誤字、コードの動作確認、インデックスの指定。	2021/01/28	2021/01/29
13	支払日	今月分の原稿料：１億３０００万円	2021/01/29	2021/01/30
14	Google講習会	Google本社ビル９８階にて	2021/01/29	2021/01/30
15	単行本GSuite初校戻し		2021/01/31	2021/02/01
16				

図 8-5-1　実行すると、今月のイベントがシートに出力される

指定範囲のイベントを得るには

このスクリプトでは、CalendarApp.getDefaultCalendarでデフォルトカレンダーのCalendarオブジェクトを取得し（1）、そこから今月のEventを取得しています。が、「今月」というのはどうやって指定すればいいのでしょうか。

これは、Dateというオブジェクトの使い方を理解していないといけません。最初と最後の日時を示す値の作成部分を見てみましょう（2）。

今月の始まりのDateを作成

```
const d1 = new Date(); ···················· 2a
d1.setDate(1); // 「日」の値を設定 ··················· 2b
d1.setHours(0); // 「時」の値を設定
d1.setMinutes(0); // 「分」の値を設定
d1.setSeconds(0); // 「秒」の値を設定 ··········
```

最初に、今月の始まりを示すDateオブジェクトを作ります。「今月の始まり」というのは、その月の1日の午前0時0分0秒になりますね。それを作成します。

まず、「new Date」でDateオブジェクトを作成します。new Dateは、現在の日時を示すDateオブジェクトを作成します（2a）。ここから、日にちと時分秒の値を変更します（2b）。これで今月最初のDateが作成できました。

Chapter 8

続いて、来月の始まりのDateを作ります（**3**）。**2**とほぼ同じですが、getMonthで月の値に1を足して来月の始まりにします。

来月の最初のDateを作成

```
const d2 = new Date();
d2.setDate(1);
d2.setMonth(d2.getMonth() + 1); // 「月」の値を設定
d2.setHours(0);
d2.setMinutes(0);
d2.setSeconds(0);
```

次は、今月の終わりの値の作成です。これは、**3**で作った「来月の始まりの日時」を使います。getEventsメソッドは、最後の日時の直前まで（最後の日時は含まれない）ということを思い出しましょう（P.207参照）。**リスト8-5-1**の**4**で以下のように使っています。

```
var evts = cal.getEvents(d1,d2);
```

ここで、第2引数（上記ではd2部分）に「来月の始まりの日時」を用意すれば、その直前まで（つまり来月になる直前まで）のイベントが得られます。これでevtsにCalendarEventの配列が取り出されました。後は、繰り返しを使って順にオブジェクトを取り出し、必要な情報を書き出していくだけです。

06 さまざまな範囲の指定

　基本がわかったら、取り出すイベントの範囲をいろいろと変更して試してみましょう。例えば、3ヶ月分を取り出したければ、**リスト8-5-1**の2つ目のDate（d2）を以下のように作成すればいいでしょう。

リスト8-6-1

```
01  const d2 = new Date();
02  d2.setDate(1);
03  d2.setMonth(d2.getMonth() + 3); ·················1
04  d2.setHours(0);
05  d2.setMinutes(0);
06  d2.setSeconds(0);
```

　setMonthの部分を、getMonthした値に3足せば3ヶ月後の月になります（1）。同様に6足せば半年分のイベントが取り出せますね。

日数で指定する

　あるいは、「100日分のイベント」という場合はどうすればいいでしょうか。これは、**リスト8-5-1**の2つのDate（d1，d2）を以下のように修正すればいいでしょう。

リスト8-6-2

```
01  const d1 = new Date();
02  d1.setHours(0); ··················1
03  d1.setMinutes(0);
04  d1.setSeconds(0); ··············
05
06  const d2 = new Date();
07  d2.setDate(d2.getDate() + 100); ·················2
08
09  d2.setHours(0);
10  d2.setMinutes(0);
11  d2.setSeconds(0);
```

　1つ目のDateであるd1は、日付を設定するsetDateの文を消去して時分秒だけにし、値をゼロにしておきます（1）。そして2つ目のDate（d2）では、getDateに100足した値をsetDateします（2）。これで100日後までの範囲でイベントが取り出せるようになります。

過去のイベントを取り出すには？

逆に「100日前まで」を指定したければ、**リスト8-5-1**の最初のDate（d1）の
setDateを以下のように指定します。

```
d1.setDate(d1.getDate() - 100);
```

これで100日前のDateが用意できます。同様に、「半年前から現在まで」とい
うように過去のイベントを取り出すことも簡単に行えます。d1とd2は以下のよう
に書きます。

```
const d1 = new Date();
d1.setDate(d1.getDate());
d1.setMonth(d1.getMonth() -6);
d1.setHours(0);
d1.setMinutes(0);
d1.setSeconds(0);

const d2 = new Date();
d2.setDate(d2.getDate());
d2.setHours(0);
d2.setMinutes(0);
d2.setSeconds(0);
```

イベントの取得は、「取り出す日時の範囲をどう指定するか」次第です。Dateオ
ブジェクトの使い方を覚え、思った通りに日時を指定できるようになりましょう！

07 フィルタでデータを絞り込む

　これで、決まった範囲のイベントをスプレッドシートに取り出せるようになりました。では、この取り出したデータをどう利用すればいいでしょうか。

　この場合も、「データ探索」(P.199) を使った分析は可能です。ただし、イベントの内容に応じてテキストが全く同じものでなければうまく集計できないため、あまり向いてはいません。

　カレンダーのデータを利用する場合、もっとも使える機能は「フィルタ」でしょう。フィルタは、多量のデータから特定のものだけを表示するのに使います。これを利用して、さまざまなイベントを検索表示することができます。

　意外と気づかないのですが、Googleカレンダーは「過去のイベント」を検索することができません。これから先のイベントは検索できるのですが、「あのイベントがあったのはいつだっけ？」というように過去のイベントを検索するのは不得意なのです。

　過去の膨大なイベントをすべてスプレッドシートに書き出しておけば、そこからフィルタで特定のイベントを検索することは簡単に行えるようになりますね。

　書き出されたイベントデータの範囲をマウスで選択し、「データ」メニューから「フィルタを作成」を選んでみましょう。これで選択範囲にフィルタが用意されます。一番上の行には、各セルの右端にアイコン≡が表示され、これをクリックすることでフィルタの設定が行えるようになっています。

図 8-7-1　フィルタを設定し、セルのアイコンをクリックするとフィルタの設定内容が表示される

フィルタの条件を設定する

　ここから「条件でフィルタ」「値でフィルタ」といったメニューを利用することで、テキストでイベントを検索できるようになります。

　例えば、イベントのタイトルに特定のテキストを含むものをすべて検索することを考えてみましょう。これには、**A1**セルにあるアイコンをクリックし、そこから「条件でフィルタ」の項目内にある「なし」という表示をクリックして「次を含むテキスト」を選択します。そして、その下に追加されるフィールドに検索したいテキストを入力して「OK」ボタンを押します。これで、入力したテキストを含むイベントだけが表示されます（**図8-7-2**）。

　「データ」メニューの「フィルタをオフにする」を選べば、フィルタを終了し元の状態に戻ります。

図 8-7-2　フィルタで「条件でフィルタ」の「次を含むテキスト」を選び、テキストを入力し OK すると、そのテキストを含むデータだけを表示する

08 フィルタで検索する マクロを作る

フィルタを使いこなせるとさまざまなデータを絞り込んで表示できるようになります。が、いちいちアイコンをクリックして「条件でフィルタ」から「次を含むテキスト」を選んで……とやっていくのは面倒ですね。そこで、簡単にフィルタを活用できるようにマクロを作成してみましょう。

スプレッドシートのスクリプトエディタで、以下の関数を追記してください。

リスト8-8-1

```
01  function setFilter() {
02    const ui = SpreadsheetApp.getUi();
03    const sheet = SpreadsheetApp.getActiveSheet();
04    const re = ui.prompt("検索テキスト:", ui.ButtonSet.OK_CANCEL);
05    if (re.getSelectedButton() == ui.Button.OK) {
06      const range = sheet.getDataRange();  ································■1
07      range.createFilter();  ················■2
08      const filter = range.getFilter();  ···············■3
09      const criteria = SpreadsheetApp.newFilterCriteria()  ···········■4
10        .whenTextContains(re.getResponseText())
11        .build();  ································
12      filter.setColumnFilterCriteria(1, criteria);  ···············■5
13    }
14  }
```

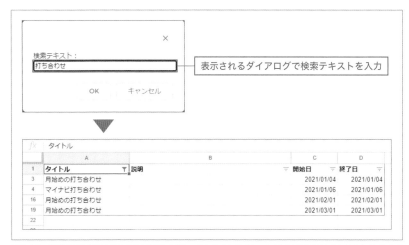

図 8-8-1　実行すると検索するテキストを尋ねてくる。これを入力すると、タイトルにそのテキストを含むイベントだけを表示するリストを含むデータだけを表示する

Chapter 8

これも作成後、「ツール」メニューの「マクロ」から「インポート」を選び、setFilter をインポートしておきましょう。

イベントが書き出されているシートを開き、setFilter関数を実行してみてください。画面にダイアログが現れるので、検索するテキストを入力しOKしましょう。これでフィルタが作成され、入力したテキストをタイトルに含むイベントのデータだけが表示されます（**図8-8-1**）。

 フィルタ作成の処理について

ここではUiのpromptでテキストを入力し、それを元にフィルタを作成しています。このフィルタの作成が結構複雑です。ざっと流れを整理しておきましょう。

最初に、フィルタを設定するレンジを用意します。ここでは、getDataRange を使って、データが書かれている範囲のRangeを取り出して利用しています（**１**）。

レンジを用意

```
const range = sheet.getDataRange();
```

次に、rangeのcreateFilterメソッドを実行して、Rangeオブジェクトにフィルターを作成します（**２**）。

レンジにフィルターを作成

```
range.createFilter();
```

そして、Rangeオブジェクトの「getFilter」メソッドを呼び出します（**３**）。getFilterでは、「Filter」というオブジェクトが返されます。これがフィルタを管理するためのオブジェクトです。

レンジのフィルタを取得

```
const filter = range.getFilter();
```

次の**４**で行っている処理は少し難しいです。これは、FilterCriteriaというオブジェクトを作っている処理です。

FilterCriteriaを作成する

```
const criteria = SpreadsheetApp.newFilterCriteria()
  .whenTextContains(re.getResponseText())
  .build();
```

このFilterCriteriaは、フィルタの設定情報を管理するオブジェクトです。ざっと以下のような作り方をしています。

FilterCriteriaオブジェクトを作る

```
SpreadsheetApp.newFilterCriteria().whenTextContains(テキスト) .build();
```

newFilterCriteriaで「FilterCriteriaBuilder」というオブジェクトを作り、そのwhenTextContainsメソッドを呼び出して検索するテキストを指定します。そして最後にbuildを呼び出してFilterCriteriaを作成します。

　まぁ、この部分は非常にわかりにくいので、「この通りに実行すればFilter Criteriaというものが作れるんだ」という程度に考えておけばいいでしょう。

　最後に、**5**でFilterの「setColumnFilterCriteria」メソッドでフィルタを設定します。第1引数に設定を適用する列番号を、そして第2引数に用意したFilterCriteriaをそれぞれ指定します。これで、フィルタが適用され表示が更新されます。

フィルタを設定する

```
filter.setColumnFilterCriteria(1, criteria);
```

　フィルタの作成は、フィルタの仕組みがよくわかっていないと理解するのは難しいでしょう。当面は、「ここに書いたマクロの通りに実行すればフィルタが作れる」ということだけわかっていれば十分です。もう少しGoogle Apps Scriptに習熟してきたら、いろいろと調べてみるといいでしょう。

「フィルタを作成」と「フィルタ表示」はどこが違う？

　P.213では「フィルタを作成」メニューを使いましたが、Chapter 6では「フィルタ表示」メニューにある「新しいフィルタ表示を作成」でフィルタの表示を作りました。どちらもフィルタですが、働きは微妙に異なります。

　今回の「フィルタを作成」メニューは、その場でフィルタを使い、使い終わったらまた元に戻る、というものです。つまり、一時的にフィルタを使うだけの場合に利用するものですね。これに対し、「フィルタ表示」というのは、あらかじめ設定しておいたフィルタを使って表示をするものです。つまり、よく使うフィルタをあらかじめいくつか作成しておき、それにパッと切り替えるためのものですね。

　フィルタの設定が決まっていて、常にその設定で表示をするような場合は、「フィルタ表示」でその設定を作成し保存しておくと簡単に表示を切り替えられます。が、「その場でちょっとフィルタを使いたい」という程度であれば、わざわざフィルタ表示を作る必要はないでしょう。こうした場合は、「フィルタを作成」メニューでその都度設定したほうが簡単です。

これで、カレンダーの情報をスプレッドシートで処理することができるようになりました。最後に、その反対の作業、つまり「スプレッドシートの情報を元にカレンダーのイベントを作成する」という処理についても説明しておきしょう。

スプレッドシートは、さまざまなデータを保管しておけます。従って、シートにイベントの情報を記述しておき、それを元にカレンダーのイベントを作成することだってあるでしょう。イベントの作成方法さえ知っていれば、必要に応じてシートからデータを取り出し、カレンダーに追加することもできるようになりますね。

イベントの作成は、Calendarオブジェクトの「createEvent」メソッドを使います。

【書式】イベントの作成

```
《Calendar》.createEvent( タイトル,《Date》,《Date》);
```

タイトルと、開始・終了の日時を示す2つのDateを引数に指定します。この他の情報を用意したいときは、さらに第4引数に、情報をまとめたオブジェクトを指定します。例えば説明テキストをイベントに設定したい場合は、{description:○○}というようにオブジェクトを作成し、これを第4引数に指定すればいいでしょう。

シートのデータを元にイベントを作成

では、シートの情報をもとにイベントを作成してみましょう。まず、スプレッドシートにデータを用意しておきます。ここでは以下のような形でシートに記述しておきます。

```
タイトル　説明テキスト　開始日時　終了日時
```

4つの情報をA〜D列に記述しておきます。日時については、例えば「2021/01/23 12:00」というように、年月日と時分秒をテキストとして記述しておきます。こうして、いくつかのデータをシートに記述しておきましょう。

fx	★山田さんと打ち合わせ			
	A	B	C	D
1	★山田さんと打ち合わせ	マイナビ会議室Aにて	2021/01/25 11:00	2021/01/25 12:00
2	★鈴木さんと打ち合わせ	マイナビ第1編集部にて	2021/01/26 13:00	2021/01/26 14:00
3	★伊藤さんと打ち合わせ	マイナビロビーにて	2021/01/27 15:00	2021/01/27 16:00
4				
5				

図 8-9-1　スプレッドシートにイベントのデータを記述しておく

　データができたら、スクリプトを作成しましょう。スクリプトエディタで、以下の関数を追記してください。作成後、「ツール」メニューの「マクロ」から「インポート」を選び、addEvents関数を追加しておきましょう。

リスト8-9-1

```
01  function addEvents() {
02    const range = SpreadsheetApp.getActiveRange();
03    const values = range.getValues(); ················· 1
04    const cal = CalendarApp.getDefaultCalendar();
05    for(var i in values) { ··························· 2
06      var data = values[i];
07      var title = data[0].toString();
08      var d1 = data[2];
09      var d2 = data[3];
10      var op = {description:data[1]};
11      cal.createEvent(title, d1, d2, op);
12    }
13  }
```

図 8-9-2　addEvents マクロを実行するとシートのデータを元にイベントが作成される

　シートに記述したイベント用のデータを選択してから、「ツール」メニューの「マクロ」からaddEvents関数を実行してください。これで、選択されたレンジのデータを元にイベントが追加されます（**図8-9-2**）。

ここでは、選択されたRangeからgetValuesで値を2次元配列として取り出し（**1**）、繰り返しでcreateEventを実行していくだけです。forの繰り返し（**2**）を見ると、次のように必要な値を取り出していくのがわかりますね。

```
for(var i in values) {
  var data = values[i];
  var title = data[0].toString(); ·················· 2 a
  var d1 = data[2];
  var d2 = data[3]; ·······························
```

　2 aでdataから値を取り出していますが、titleのところでは「toString」というメソッドを呼び出していますね。これは、テキストとして値を取り出すものです。

　またdata[2]とdata[3]は、値をそのまま変数に取り出していますね。これらは、最初からDateオブジェクトとして値が渡されています。getValuesでは、セルに日時のフォーマットで値が記述されている場合は、それをDateオブジェクトとして取り出してくれるのです。従って、取り出した値をそのままcreateEventの引数に指定すればイベントが作成できてしまいます。意外と簡単ですね！

10 終日イベントの作成は？

ここでは特定の時間にイベントを割り当てています。が、これとは別に「この日のイベント」という形で、日にち単位で割り当てられるイベントもあります。「終日イベント」というものですね。

これは、通常のイベントよりさらに作成が簡単です。

【書式】終日イベントの作成

```
《Calendar》.createAllDayEvent( タイトル,《Date》);
```

Calendarの「createAllDayEvent」というメソッドを呼び出すだけです。引数にはタイトルと、イベントを割り当てる日のDateを指定するだけです。createEventと同様、第3引数にその他の設定情報をまとめたオブジェクトを用意することもできます。

では、Chapter 8-09と同じように、シートに書かれたデータを元に終日イベントを作成する関数を作ってみましょう。

リスト8-10-1

```
01  function addAllDayEvents() {
02    const range = SpreadsheetApp.getActiveRange();
03    const values = range.getValues();
04    const cal = CalendarApp.getDefaultCalendar();
05    for(var i in values) {
06      var data = values[i];
07      var title = data[0].toString();
08      var d1 = data[2];
09      var op = {description:data[1]};
10      cal.createAllDayEvent(title, d1, op); ·························· 1
11    }
12  }
```

使い方は**リスト8-9-1**と同じです。シートにタイトル、説明文、日付（時刻は不要）のデータを記述し、それを選択してaddAllDayEventsを実行すると、カレンダーに終日イベントが追加されます（**図8-10-1**）。

リスト8-9-1のサンプルと同様にRangeから取り出した値をforで繰り返し処理しています。その中で、createAllDayEventを使って終日イベントを作ってい

ます（■）。`createEvent`より引数が1つ少ないだけ多少スクリプトは短くなっていますが、基本的な処理の流れはほぼ同じといっていいでしょう。

図 8-10-1　シートにタイトル、説明文、日付を記入し、選択して addAllDay
Events マクロを実行すると、選択されたデータを元に終日イベントを作成する

　この他にも、一定期間ごとに繰り返すイベントなどもありますが、とりあえず通常のイベントと終日イベントが作れるようになれば、カレンダーのイベントのほとんどを自動化できるようになるでしょう。

イベントが1日ずれる？

　リスト8-10-1を実行すると、スプレッドシートに記入した日付より1日ずれてイベントが作成されてしまったかもしれません。これは、Google Apps Script側のタイムゾーンが日本時間になっていないことが原因です。

　スクリプトエディタの左端にある歯車アイコン⚙をクリックすると、プロジェクトの設定が現れます。そこで「『appsscript.json』マニフェスト ファイルをエディタで表示する」のチェックをONにしてください。

　再び左端の「エディター」アイコン‹›をクリックして編集画面に戻ると、「appsscript.json」というファイルが表示されます。これをクリックし、"timeZone"という項目の値("America/New_York"と書かれています)を"Asia/Tokyo"と書き換えて保存しましょう。これで日本時間を使うようになり、正確な日時でイベントが作成されます。

図 8-10-2

Chapter 9

ネットワークアクセスと JSON/XMLの処理

この章のポイント
- ・UrlFetchで外部サイトにアクセスしよう
- ・JSONデータの扱い方を覚えよう
- ・XMLデータをXmlServiceで扱えるようになろう

01 外部サイトにアクセスしよう

　Googleスプレッドシートは、業務などのデータを整理するだけでなく、もっと幅広いデータの処理に利用できます。その利用例の1つとして、「外部サイトからデータを取得して利用する」ということを考えてみましょう。

　インターネットの世界では、さまざまなデータが配信されています。例えばニュース、天気、株価などが思い浮かぶでしょう。こうしたデータを配信しているWebサイトは世の中に多数あります。

　Webサイトにアクセスし、必要な情報を取得する技術は「スクレイピング」と呼ばれます。このスクレイピングをGoogle Apps Scriptから行い、取得したデータをスプレッドシートで管理できれば、さまざまな応用ができそうですね。

　外部サイトにアクセスするには、「UrlFetchApp」というオブジェクトが用意されています。このオブジェクトにある「fetch」というメソッドを呼び出すことで、簡単に外部サイトにアクセスし情報を得ることができます。

【書式】外部サイトにアクセスする

```
変数 = UrlFetchApp.fetch( アクセス先 );
```

　引数には、アクセスするサイトのURLをテキストで指定します。このfetchで返される値は、「HTTPResponse」というオブジェクトです。ここからメソッドを呼び出して、アクセス時の情報を取得します。サイトから得られたコンテンツは、「getContentText」というメソッドを利用して取り出します。

【書式】取得した外部サイトのコンテンツを取り出す

```
変数 =《HTTPResponse》.getContentText();
```

　これで、アクセス先のコンテンツがテキストとして得られます。後は、それをもとに必要な処理を行っていくだけです。

JSONデータの扱い

Webサイトでデータを公開しているところは多数ありますが、公開されるデータの形式は、だいたい2つのフォーマットのいずれかが使われています。それは、「JSON」と「XML」です。

まずは、扱いが簡単なJSONデータの利用から説明しましょう。前述の通り、Google Apps ScriptはJavaScriptをベースに作られており、JSONはJavaScriptのオブジェクトのために用意されているフォーマットです。JSONの扱いはJavaScriptの得意分野といっていいでしょう。

JSONを利用するには、その名の通り「JSON」というオブジェクトが用意されています。ここにある以下のメソッドを使ってJSONデータを利用します。

【書式】JSONテキストからオブジェクトを生成する

```
変数 = JSON.parse( テキスト );
```

【書式】オブジェクトからJSONテキストを得る

```
変数 = JSON.stringify( オブジェクト );
```

UrlFetchAppを使ってWebサイトからJSONデータを取得した場合は、それを引数にしてJSON.parseでオブジェクトを生成すれば、そこから必要な値を簡単に取り出せるようになります。

02 COVID-19の感染状況をチェックする

　ではJSONデータ利用の例として、COVID-19の感染状況をネットワーク経由で取得してみましょう。COVID-19の感染状況はさまざまなサイトで公開されています。ここでは、「COVID-19 Japan 新型コロナウイルス対策ダッシュボード」で公開されているデータを利用することにします。サイトアドレスは以下になります。

https://www.stopcovid19.jp

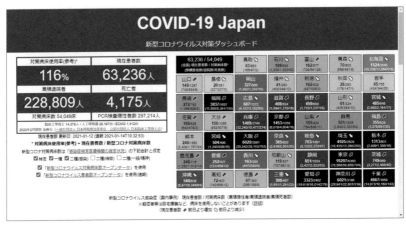

図 9-2-1　新型コロナウイルス対策ダッシュボードの Web サイト

　ここでは、毎日の感染状況データをJSON形式で配信しています。データの利用には、特に登録などの作業は必要ありません。ただ指定のURLにアクセスするだけで最新のデータを得ることができます。

　アクセスするURLは以下になります。

https://www.stopcovid19.jp/data/covid19japan.json

　これで得られたデータをシートに書き出していけば、その日の感染状況データが得られます。では、実際にやってみましょう。章ごとに練習用のファイルを分けたい場合は新しいファイルを作成して進めます。以下のgetCovidData関数をスクリプトエディタで追記し、「ツール」メニューの「マクロ」から「インポート」を選んでgetCovidData関数をインポートしましょう。

```
01  function getCovidData() {
02    const sheet = SpreadsheetApp.getActiveSheet();
03    const url = 'https://www.stopcovid19.jp/data/covid19japan.json';
04    const response = UrlFetchApp.fetch(url); ··············· ■1
05    const re = response.getContentText();
06    const ob = JSON.parse(re);
07    const datos = ob.area; ··············
08    sheet.getRange('A1:F1').setValues([['Name', '都道府県名', ⤵
        '累積陽性者数', '現在患者数', '死者数', '重症者数']])
09    for (var i in datos) { ··············· ■2
10      var data = datos[i];
11      sheet.getRange(i*1+2, 1).setValue(data['name']);
12      sheet.getRange(i*1+2, 2).setValue(data['name_jp']);
13      sheet.getRange(i*1+2, 3).setValue(data['npatients']);
14      sheet.getRange(i*1+2, 4).setValue(data['ncurrentpatients']);
15      sheet.getRange(i*1+2, 5).setValue(data['ndeaths']);
16      sheet.getRange(i*1+2, 6).setValue( ⤵
        data['nheavycurrentpatients']);
17    }
18  }
```

	A	B	C	D	E	F	
	fx	Name					
1	Name	都道府県名	累積陽性者数	現在患者数	死者数	重症者数	
2	Hokkaido	北海道	14997	1574	514	12	
3	Aomori	青森県	569	70	8	2	
4	Iwate	岩手県	434	65	25	2	
5	Miyagi	宮城県	2663	485	17	9	
6	Akita	秋田県	176	28	1	0	
7	Yamagata	山形県	435	61	10	3	
8	Fukushima	福島県	1276	355	30	9	
9	Ibaraki	茨城県	3277	749	40	9	
10	Tochigi	栃木県	2699	1313	16	16	
11	Gunma	群馬県	2948	551	54	12	
12	Saitama	埼玉県	18435	4925	250	67	
13	Chiba	千葉県	14973	4667	143	31	
14	Tokyo	東京都	77133	19029	691	144	
15	Kanagawa	神奈川県	28941	6021	319	93	
16	Niigata	新潟県	697	162	3	0	
17	Toyama	富山県	729	162	26	3	
18	Ishikawa	石川県	1239	189	52	7	

図 9-2-2　都道府県ごとに感染状況のデータが出力される

　実行すると、都道府県ごとに「累積陽性者数」「現在患者数」「死者数」「重症者数」のデータがシートに書き出されていきます（**図9-2-2**）。これらの数値を見れば、どのあたりでどの程度感染が広がっているかがわかるでしょう。

COVID-19のデータの処理について

　JSONデータを利用するためには、データの構造がどのようになっているか理解しておく必要があります。www.stopcovid19.jpから得られるJSONデータは、どのような形をしているか簡単に説明しておきましょう。データは、ざっと以下のような形になっています。このデータは、P.226に掲載したURLにアクセスすることで表示されます。

```
{
   ……データの各種情報……,
   "area":[
     {
       "name":"Hokkaido",
       "name_jp":"北海道",
       "npatients":14997,
       "ncurrentpatients":1574,
       "nexits":12895,
       "ndeaths":514,
       "nheavycurrentpatients":12,
       "nunknowns":14,
       "ninspections":263853,
       "ISO3155-2":"JP-01"
     },
     ……データが並ぶ……
}
```

　「area」というプロパティに、各都道府県のデータが配列としてまとめられています。areaプロパティにまとめられているデータは以下の通りです。

キー	意味	例
name	都道府県名（英語）	Hokkaido
name_jp	都道府県名（日本語）	北海道
npatients	陽性者数	21227
ncurrentpatients	入院治療等を要する者	784
nexits": 19667	退院又は療養解除となった者の数	754
nheavycurrentpatients	重症者	21
nunknowns	確認中	22
ninspections	PCR検査実施人数	457671
ISO3155-2	地域コード	JP-01

都道府県のデータはオブジェクトになっており、その中に都道府県名や感染状況に関する数値が保管されています。つまり、取得したJSONデータからareaの値を取り出し、そこから繰り返しを使ってオブジェクトを取り出して処理していけばいいわけです。

　ここでは、■のようにしてデータを取り出しています。

```
const response = UrlFetchApp.fetch(url); ……………… 1 a
const re = response.getContentText(); ……………… 1 b
const ob = JSON.parse(re); ………………… 1 c
const datos = ob.area; ………………… 1 d
```

　UrlFetchApp.fetchでアクセスをし（1 a）、getContentTextでコンテンツを取り出して（1 b）、それをJSON.parseでオブジェクトにします（1 c）。これで定数obには、JavaScriptのオブジェクトに変換されたデータが保管されます。

　このobの中からareaの値を取り出せば（1 d）、この中に都道府県のデータがはいっているわけですね。後は繰り返しで処理するだけです。

　2の部分でこの繰り返しの処理を行っています。

```
for (var i in datos) {
  var data = datos[i];
  sheet.getRange(i*1+2, 1).setValue(data['name']);
  sheet.getRange(i*1+2, 2).setValue(data['name_jp']);
  sheet.getRange(i*1+2, 3).setValue(data['npatients']);
  sheet.getRange(i*1+2, 4).setValue(data['ncurrentpatients']);
  sheet.getRange(i*1+2, 5).setValue(data['ndeaths']);
  sheet.getRange(i*1+2, 6).setValue(data['nheavycurrentpatients']);
}
```

　datosからオブジェクトをdataに取り出し、そこにある値をsetValueで各セルに書き出しています。getRange（P.094）の引数の1つ目は、配列の要素番号に1を掛けて数字にした（P.066）後、2を足しています。これは、配列の番号は0から始まるので（P.077）1を足し、また1行目には見出し行があるのでさらに1を足し、合計で2を足しているのです。引数の2つ目では列番号を指定しています。各値が保管されているキーの名前さえわかっていれば、それほど難しくはありませんね。

03 感染状況をグラフ化する

　得られたデータは、シートの右下にある「データ探索」（P.199参照）という機能
を使って分析することができます。このデータ探索の使い方がわかれば、取得した
データをすぐに活用できるようになります。

　では、得られたデータを「データ探索」でグラフ化しましょう。シートに書き出
されたデータを選択し、右下の「データ探索」をクリックしてください。そして「分
析」にあるグラフを見てください。「現在患者数 と 累積陽性者数」というグラフ
が見つかるでしょう。そこには以下のような分析結果が表示されています。

> 「累積陽性者数」が 10000 増えるごとに「現在患者数」が約 ○○ ずつ増加しています。

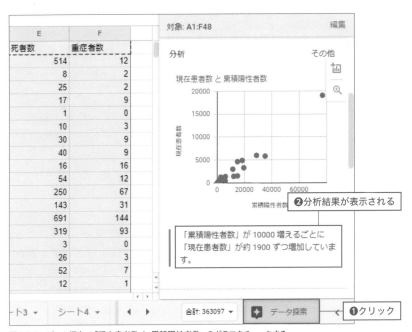

図 9-3-1　データ探索で「現在患者数 と 累積陽性者数」のグラフをチェックする

　また、分析の右上にある「その他」リンクをクリックすると、さらに多くのグラ
フによる分析が表示されます。次のような分析結果が見つかるでしょう。

● 死者数と現在患者数

「現在患者数」が 10000 増えるごとに「死者数」が約 ○○ ずつ増加しています。

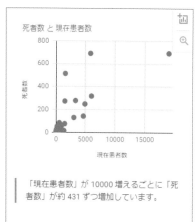

図 9-3-2
死者数と現在患者数

● 死者数と累積陽性者数

「累積陽性者数」が10000増えるごとに「死者数」が約113ずつ増加しています。

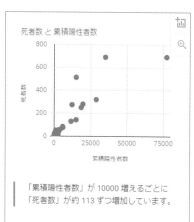

図 9-3-3
死者数と累積陽性者数

　このように、各データの値を一覧表示するだけでは気づかない全体の傾向が、デー
タ探索を利用することで浮かび上がってきます。
　データ探索は、特定の列だけを選択することで、それらを対象とした分析も行え
ます。

例えば、「死者数」と「重症者数」の列だけを選択してデータ探索をすると、分析のところに「死者数と重症者数」のグラフが表示され、以下のような分析結果が表示されるでしょう（**図9-3-4**）。

> 「死者数」が 100 増えるごとに「重症者数」が約 ○○ ずつ増加しています。

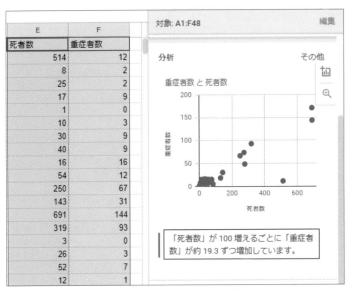

図 9-3-4　死者数と重症者数の列だけ選択すると、その分析が現れる

このようにして、特定の列だけを選択してデータ分析することで、選択した列の傾向などを知ることができます。COVID-19データのように、項目が多数あるデータの分析には、データ探索は非常に大きな力となってくれます。

04 XMLデータを利用する

JSONと並んで、データの配信に多用されているのが「XML」です。XMLは、JSONのように簡単にJavaScriptのオブジェクトに変換したりすることはできません。が、Google Apps Scriptには、XMLデータを扱うための専用オブジェクトが用意されており、これを利用することでXMLデータを扱えるようになります。

XMLを扱うためには、XMLのデータがどのような構造になっているのかを頭に入れておく必要があります。XMLデータは、「ドキュメント」と「エレメント(要素)」で構成されています。

ドキュメント	XMLのデータ全体を示すものです
エレメント	ドキュメント内にある1つ1つの要素を示します

ドキュメントには、1つだけエレメントが用意されます。これは「ルートエレメント」というものです。XMLのソースコードを見ると、だいたい以下のような形をしているでしょう。

```
<?xml version="1.0"?>
<ルートエレメント>
    ……内容……
</ルートエレメント>
```

このように、XMLのドキュメントのベースとなるエレメントがルートエレメントです。この中に、すべてのエレメントが組み込まれているのです。

各エレメントには、テキストを用意することができます。また「属性」と呼ばれるものを用意することもできます。例えば、こういう要素があることを考えてみてください。

```
<item name="○○">コンテンツ</item>
```

このエレメントには、「コンテンツ」というテキストが用意されています。そして「name」という属性も持っていますね。このように、それぞれのエレメントにはテキストと属性をもたせることができるのです。

このXMLのデータの構造をよく頭に入れておきましょう。

05 XmlServiceの基本を覚える

XMLデータを扱うためには、いくつかのメソッドの使い方を頭に入れておく必要があります。では、基本的なメソッドについてまとめておきましょう。

【書式】XMLデータからDocumentを作成する

```
変数 = XmlService.parse( XMLデータ );
```

まず最初に行うのが、この作業です。「XmlService」というのは、XMLのデータを扱うためにGoogle Apps Scriptに用意されているオブジェクトです。この中にある「parse」というメソッドを使って、XMLデータからオブジェクトを生成します。

このparseで得られるのは「Document」というオブジェクトです。これは、XMLのドキュメントを管理するものです。ここからルートエレメントのオブジェクトを取り出します。

【書式】Documentからルートの Elementを得る

```
変数 =《Document》.getRootElement();
```

ルートエレメントは、Documentの「getRootElement」メソッドで取得します。エレメントは、Google Apps Scriptでは「Element」というオブジェクトとして用意されています。

ルートエレメントのElementを取得したら、ここからその中に組み込まれているElementを取り出していきます。

Element内にあるElementを得る

```
変数 =《Element》.getChild( 名前 );
変数 =《Element》.getChildren( 名前 );
```

getChildは内部に組み込まれているElementを返します。getChildrenは、内部に組み込まれているElementの配列を返します。複数のエレメントが内部にある場合はこちらを使う、と考えればいいでしょう。

XMLでは、「エレメントの中にエレメントがあり、さらにその中にエレメントが……」という具合に、幾重にも入れ子状態でエレメントが組み込まれています。

getChild/getChildrenを使い、エレメントの構造に沿って、利用したいエレメントまでたどっていきます。

目的のエレメントが取り出せたら、そこから値を取り出します。エレメントのテキストは、「getText」というメソッドで取り出せます。

Elementのテキストを得る

```
《Element》.getText();
```

また、エレメントの属性は「getAttribute」というメソッドで得ることができます。これで「Attribute」というオブジェクトが取り出せるので、そこから「getValue」で属性の値を取得できます。

Elementの属性を得る

```
変数 =《Element》.getAttribute();
変数 =《Attribute》.getValue();
```

以上のメソッドを組み合わせれば、XMLのデータから必要なものを取り出すことができるようになるでしょう。

ただし、そのためにはXMLのデータの構造をよく理解しておく必要があります。「ルートエレメントの中にどんなエレメントがあって、その中にはどういうエレメントが……」といった構造がわかっていないと、XMLデータはうまく利用できないのです。たとえば次の項目で扱うGoogleニュースでは、以下のURLにアクセスするとXMLのデータの構造を確認することができます。詳しくは次の項目で説明します。

https://news.google.com/news/rss/headlines/section/topic/WORLD?hl=ja&gl=JP&ceid=JP:ja


```
▼<rss xmlns:media="http://search.yahoo.com/mrss/" version="2.0">
  ▼<channel>
      <generator>NFE/5.0</generator>
      <title>世界 - 最新 - Google ニュース</title>
      <link>https://news.google.com/topics/CAAqJggKIiBDQkFTRWdvSUwyMHZNRGx1YlY4UOFtcGhHZ0pLVUNnQVAB?hl=ja&gl=JP&ceid=JP:ja</link>
      <language>ja</language>
      <webMaster>news-webmaster@google.com</webMaster>
      <copyright>2021 Google Inc.</copyright>
      <lastBuildDate>Tue, 06 Apr 2021 08:47:31 GMT</lastBuildDate>
      <description>Google ニュース</description>
    ▼<item>
        <title>囚人1800人超が脱走 武装集団が刑務所襲撃 ナイジェリア（時事通信） - Yahoo!ニュース - Yahoo!ニュース</title>
        <link>https://news.google.com/__i/rss/rd/articles/CBMiSmh0dHBzOi8vbmV3cy55YWhvby5jby5qcC9hcnRpY2xlcy82NWZmYzUxYmM5ODk1ZWJmNz
        <guid isPermaLink="false">52783185575121</guid>
        <pubDate>Tue, 06 Apr 2021 03:34:50 GMT</pubDate>
        <description><ol><li><a href="https://news.google.com/__i/rss/rd/articles/CBMiSmh0dHBzOi8vbmV3cy55YWhvby5jby5qcC9hcnRpY2xlcy
        通信） - Yahoo!ニュース</a>  <font color="#6f6f6f">Yahoo!ニュース</font></li><li><a href="https://news.google.com/
        ８００人が逃亡</a>  <font color="#6f6f6f">朝日新聞社</font></li><li><a
        href="https://news.google.com/__i/rss/rd/articles/CBMiPmh0dHBzOi8vd3d3LnNhbmtlaS5jb20vd29ybGQvbmV3cy8yMTA0MDYvd29yMjEwNDA2MD
        人逃走 ナイジェリア、武装集団が襲撃</a>  <font color="#6f6f6f">産経ニュース</font></li><li><a href="https://news.g
        oc=5" target="_blank">ナイジェリアで刑務所襲撃、銃撃戦 囚人1800人脱走（朝日新聞デジタル） - Yahoo!ニュース</a>  <f
        href="https://news.google.com/__i/rss/rd/articles/CBMiQ2h0dHBzOi8vbmV3cy5nb28ubmUuanAvYXJ0aWNsZS9hc2FoaS93b3JsZC9BU1A0NjM0UV
        color="#6f6f6f">goo.ne.jp</font></li><li><strong><a href="https://news.google.com/stories/CAAqOQgKIjNDQkITSURvSmMzUnZjbmt0OT
        </description>
        <source url="https://news.yahoo.co.jp">Yahoo!ニュース</source>
      </item>
```


図 9-5-1　Google ニュースのデータ構造

06 Googleニュースを スプレッドシートに書き出す

では、XMLデータを利用する例として、Googleニュースにアクセスして最新の
ニュースをシートに書き出す、ということをやってみましょう。以下のgetNews関
数をスクリプトファイルに追記してください。そして「ツール」メニューの「マクロ」
から「インポート」を選んで、getNews関数をインポートして利用してください。

リスト9-6-1

```
01  function getNews() {
02    const sheet = SpreadsheetApp.getActiveSheet();
03    sheet.getRange(1, 1, 1, 5).setValues([['提供元','見出し','内容', ➡
      '日時','リンク先']])
04    const url = 'https://news.google.com/news/rss/headlines/ ➡
      section/topic/WORLD?hl=ja&gl=JP&ceid=JP:ja';
05    const response = UrlFetchApp.fetch(url); ·······················1
06    const re = response.getContentText(); ·······················
07    const ob = XmlService.parse(re); ·······················2
08    const doc = ob.getRootElement(); ·······················3
09    const ch = doc.getChild('channel'); ·······················4
10    const items = ch.getChildren('item'); ·······················5
11    for(var i in items) { ·······················6
12      var item = items[i];
13      var src = item.getChild('source').getText();
14      var title = item.getChild('title').getText();
15      var pub = item.getChild('pubDate').getText();
16      var link = item.getChild('link').getText();
17      var desc = item.getChild('description').getText(). ➡
        replace(/(<([^>]+)>)| /ig,'');
18      sheet.getRange(i*1+2, 1, 1, 5).setValues([[src, title, ➡
        desc, pub, link]]);
19    } ·······················
20  }
```

これもシートにデータを書き出していくので、新しいシートを用意して実行した
ほうが良いでしょう。実行すると、ニュースの提供元、タイトル、説明、日時、リ
ンクといった情報がシートに書き出されます。

	A	B	C	D	
1	提供元	見出し	内容	日時	リンク先
2	ブルームバーグ	【今朝の5本】仕事始めに読んでおきたいニュース - ブルームバーグ	【今朝の5本】仕事始めに読んでおきたいニュースブルームバーグ	Thu, 14 Jan 2021 20:54:00 GMT	https://news.go BzOi8vd3d3Lm GVzLzIwMjEtM A?oc=5
3	日本経済新聞	北朝鮮が軍事パレード 金正恩氏が閲兵 - 日本経済新聞	北朝鮮が軍事パレード 金正恩氏が閲兵日本経済新聞朝鮮 平壌で軍事パレード実施か(2021年1月14日)ANNnewsCH北が軍事パレード決行か 新型兵器に注目産経ニュース北朝鮮が軍事パレード実施か バイデン政権けん制の思いもTBS NEWS北朝鮮が軍事パレード、潜水艦発射弾道ミサイル公開 KCNAMSN エンターテイメントGoogle ニュースですべての記事を見る	Thu, 14 Jan 2021 22:42:09 GMT	https://news.go BzOi8vd3d3Lm 9HTTE1MEVZ =5
4	日本経済新聞	米、中国スマホ小米を投資禁止対象に 石油大手は禁輸 - 日本経済新聞	米、中国スマホ小米を投資禁止対象に 石油大手は禁輸日本経済新聞Google ニュースですべての記事を見る	Thu, 14 Jan 2021 21:49:16 GMT	https://news.go BzOi8vd3d3Lm 9HTJE1MDYwN =5
5	Yahoo!ニュース	イタリア非常事態、4月まで延長 新型コロナ拡大続き（共同通信）- Yahoo!ニュース	イタリア非常事態、4月まで延長 新型コロナ拡大続き（共同通信）Yahoo!ニュースGoogle ニュースですべての記事を見る	Thu, 14 Jan 2021 19:26:59 GMT	https://news.go BzOi8vbmV3cy haWwvMTk1M FiZWQ40gEA?
6	livedoor	トランプ氏のアカ停止「正しい判断」Twitter社CEOが仕方のない措置と強調 - livedoor	トランプ氏のアカ停止「正しい判断」Twitter社CEOが仕方のない措置と強調livedoorトランプ氏アカウント永久停止は「危険な」前例、ツイッターCEOAFPBB Newsトランプ氏の使用停止は正しい判断だが悲しい毎前例=ツイッターCEO（ロイター）- Yahoo!Yahoo!ニュースTwitter CEO、トランプ氏アカウント停止について説明「正しい決断だが危険な前例にもなった」Engadget日本版トランプ氏の「スナップチャット」アカウントも永久凍結「公共の安全」のため - 毎日新聞毎日新聞Google ニュースですべての記事を見る	Thu, 14 Jan 2021 22:25:00 GMT	https://news.go BzOi8vbmV3cy mVkb29yLmNiv C8xOTUzNjQ2

図 9-6-1　実行すると、Google ニュースの最新情報をシートに書き出す

💡 RSSデータにアクセスするには

ここで取得したXMLデータは「RSS」と呼ばれるものです。RSSは「Really Simple Syndication」あるいは「Rich Site Summary」の略で、Webサイトの更新情報を配信するために使われるXML形式のデータです。これは以下のような形になっています。

```
<rss version="2.0">
  <channel>
    <item>
      ……記事の情報を記述……
    </item>
    ……必要なだけ<item>を用意……
  </channel>
</rss>
```

<rss>というのがルートエレメントになります。そこに<channel>というエレメントが用意され、ここに更新情報がすべてまとめられています。

この<channel>の中には、<item>という要素として記事の情報が記述されています。この<item>には、右のようなエレメントが用意されています。

エレメント	説明
guid	割り振られるID
title	タイトル
pubDate	公開日時
link	記事のリンク先
description	説明テキスト
source	提供元

<item>内からこれらのエレメントを取り出し、そのテキストを取得すれば記事の情報が得られる、というわけです。

処理の流れを整理する

では、実行しているスクリプトの流れをざっと見ていきましょう。まず**1**でUrlFetchでサイトにアクセスし、コンテンツのテキストを取り出していますね。そしてそれ以降は、XmlServiceを使ってXMLをオブジェクトとして取り出していきます（**2**～**5**）。

サイトにアクセスし、コンテンツのテキストを取得

```
const response = UrlFetchApp.fetch(url);
const re = response.getContentText();
```

Documentを取得（**2**）

```
const ob = XmlService.parse(re);
```

ルートエレメントを取得（**3**）

```
const doc = ob.getRootElement();
```

<channel>のエレメントを取得（**4**）

```
const ch = doc.getChild('channel');
```

内部にあるすべての<item>エレメントを配列で取得（**5**）

```
const items = ch.getChildren('item');
```

これで、記事の情報がまとめられている<item>のエレメントが配列で取り出せました。後は、繰り返しを使って<item>のエレメントから子エレメントのテキストを取り出してシートに書き出していくだけです（**6**）。

```
for(var i in items) {
  var item = items[i];
  var src = item.getChild('source').getText(); ············ 6 a
  var title = item.getChild('title').getText();
  var pub = item.getChild('pubDate').getText();
  var link = item.getChild('link').getText();
  var desc = item.getChild('description').getText(). →
    replace(/(<([^>]+)>)| /ig,''); ············ 6 b
```

```
    sheet.getRange(i*1+2, 1, 1, 5).setValues([[src, title, desc, ➡
        pub, link]]);
}
```

〈item〉内のエレメントのテキストは、 6a を見ると item.getChild(要素
名).getText();というようにして取り出しています。例えば、〈item〉内にあ
る〈title〉要素のテキストを取り出すならば、item.getChild('title').
getText();とすれば良いことになります。
　こうして〈item〉内にある要素の値を取り出して配列にまとめ、setValuesで
シートに書き出します。getRangeでレンジを取り出しsetValuesする、という
やり方はもう何度もやりましたからだいぶ慣れてきたことでしょう。

---

replaceと正規表現

　ここでは、descriptionの要素から必要な情報を取り出すのに、replaceというメソッド
を使っています。このreplaceはテキストの置換を行うもので、第1引数に検索するテキスト
を、第2引数に置き換えるテキストをそれぞれ指定すると、置換したテキストを返します。

【書式】テキストを置き換える

```
replace( 置き換え元のテキスト , 置き換え後のテキスト)
```

　が、今回のサンプルの 6b を見ると、1つ目の引数に /(<([^>]+)>)| / という暗号
のようなものが指定されていますね。よく見ると、これは前後にクォート記号もついていません。
つまり、テキストですらないのです。
　これは「正規表現パターン」というものです。正規表現というのは、文字の組み合わせをパター
ン化して扱う技術です。例えば「数字の値だけすべて取り出したい」とか「〈a〉タグの部分だ
け検索したい」なんていうこと、よくありますね？　普通の検索では考えられないでしょうが、
正規表現を使えば可能です。
　正規表現は、特殊な記号を使って複雑なパターンを作成できるため、この解説だけで一冊の
本になるぐらいに奥の深いものです。このため本書では説明はしません。興味がある人は、そ
れぞれで調べてみてください。

07 ニュースを蓄積していくには？

　取り出したGoogleニュースのデータはどういう利用ができるでしょうか。データ探索で分析を行うこともできます。ただし、出典元ごとに記事数をカウントする程度で、内容の分析は行えません。

　それよりも、日々のニュースを蓄積していき、フィルタで必要な記事を検索する、といった「記事のデータベース」としての利用のほうが便利でしょう。先ほど作ったgetNewsを修正して、すでにある記事データの手前に新しいニュースを追加するように修正しましょう。

リスト9-7-1

```
01 function getNews() {
02   const sheet = SpreadsheetApp.getActiveSheet();
03   const url = 'https://news.google.com/news/rss/headlines/ ⏎
       section/topic/WORLD?hl=ja&gl=JP&ceid=JP:ja';
04   const response = UrlFetchApp.fetch(url);
05   const re = response.getContentText();
06   const ob = XmlService.parse(re);
07   const doc = ob.getRootElement();
08   const ch = doc.getChild('channel');
09   const items = ch.getChildren('item');
10   sheet.insertRowsAfter(1,items.length); ·····························■
11   for(var i in items) {
12     var item = items[i];
13     var src = item.getChild('source').getText();
14     var title = item.getChild('title').getText();
15     var pub = item.getChild('pubDate').getText();
16     var link = item.getChild('link').getText();
17     var desc = item.getChild('description').getText(). ⏎
       replace(/(<([^>]+)>)| /ig,'');
18     sheet.getRange(i*1+2, 1, 1, 5).setValues([[src, title, ⏎
       desc, pub, link]]);
19   }
20 }
```

　このスクリプトでは、1行目にある項目名の下に新しい行を追加し、そこに新たに取得したニュースのデータを書き出すようにしています。つまり、実行するごとに一番上に新しいニュースが追加されていくわけです。

　そのために、ニュースのデータを取得した後、■のようにして新しい行を追加しています。

```
sheet.insertRowsAfter(1,items.length);
```

　insertRowsAfterは、第1引数の行の後に第2引数の行数だけ新しい行を挿入します。これでitemsのデータ数だけ新しい行を挿入し、そこにデータを書き出していくのですね。

💡 フィルタで必要情報を取り出そう

　後は、蓄積されたデータから必要な記事を検索できるようにするだけです。シートの左上をクリックしてすべてのセルを選択し、「データ」メニューから「フィルタを作成」を選んでフィルタを用意しましょう。そして1行目の項目名部分にあるアイコンをクリックしてフィルタのメニューを呼び出し、「条件でフィルタ」を使って特定のテキストを含む行だけを表示させます。これにより、簡単に特定の記事だけを探すことができるようになります。

　フィルタは、マクロを使って自動化することもできましたね（Chapter 8-08「フィルタで検索するマクロを作る」参照）。これを応用して、ニュースのデータを検索できるようなマクロを用意しておくとさらに便利になるでしょう。

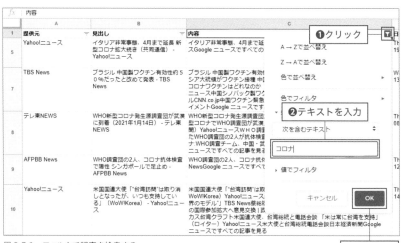

図 9-7-1　フィルタで記事を検索する

💡 シート1枚で100万データも保存可能！

　「スプレッドシートをデータベースにする」というと、「そんなにたくさんのデータを保管できるんだろうか」と疑問に思うかもしれません。例えば、GoogleニュースのRSSは通常70データあります。毎日insertRowsAfterを実行してニュースを取り込んでいくと、100日後には7000、1000日後には7万にもなります。そんなにデータを保管できるのでしょうか。

　Googleスプレッドシートのシートは、最大で「500万セル」まで作成できます。通常、シートはA列〜Z列まで用意されていますから、そのままだと最大191,268行まで作成可能です。もし、データの項目数が5つならば、列数をA〜Eの5列に減らすと、なんと最大100万行まで作成できるのです！　これだけあれば、さすがに「足りない」ということはほとんどないでしょう。

　ただし、データが膨大になっていくと動作も非常に重くなっていきます。多量のデータを保管することは可能ですが、「実用レベルで使える」ということを考えると、なるべくデータ数は抑えたほうがいいでしょう。例えば1万行を超えたら新しいシートに追加するようにするなど、動作が重くなりすぎないような工夫を考えながら利用しましょう。

08 HTMLも扱える?

XMLの扱いはこれでわかりました。では、HTMLはどうでしょうか? HTML
もXMLと同じようにタグを使って要素を記述しています。似たようなものですから
同じようにして扱えそうな気がしますね。

けれど、Google Apps Scriptには、標準でHTMLデータを扱うための機能は
用意されていません。従って、そのままではHTMLデータは処理できないのです。
しかし、Google Apps ScriptでHTMLを扱えるようにするライブラリというもの
があり、こうしたものを利用することで扱うことができるようになります。

今回は、「Parser」というライブラリを利用してみましょう。これは以下のアド
レスで公開されています。

http://bit.do/gas-parser

スクリプトをそのまま公開しているだけですので、細かなドキュメントなどは特
にありません。

このアドレスにアクセスすると、冒頭のコメントに「@library_key」という値
が書かれています（半角英数字のランダムな長いテキストです）。この値をコピーし
ておいてください。ライブラリを使う際に必要となります。

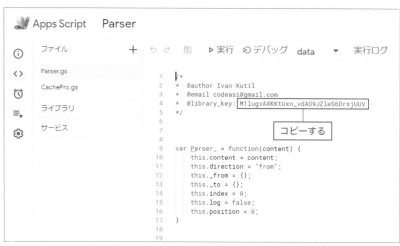

図9-8-1　HTML/XML parser のスクリプト。ここにある @library_key の値をコピーしておく

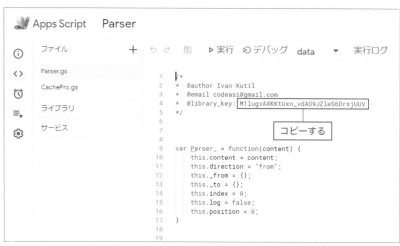

ライブラリをインポートしよう

　では、このライブラリをGoogle Apps Scriptのプロジェクトにインポートしましょう。スクリプトエディタで、左側に見える「＋ライブラリ」というリンクをクリックしてください。画面にライブラリをインポートするための「ライブラリの追加」という設定パネルが現れます。

図 9-8-2
「＋ライブラリ」をクリックする

　このパネルの「スクリプトID」というところに、先ほどコピーした@library_keyの値をペーストして「検索」ボタンをクリックします。これでライブラリが検索され、「バージョン」と「ID」が表示されます。バージョンから最新のものを選び、「追加」ボタンをクリックしましょう。これでライブラリが追加されます。

図 9-8-3　スクリプト ID で検索し、バージョンを選んで追加する

スクリプトIDについて

ライブラリをインポートする際に入力するスクリプトIDは、スクリプトごとに割り振られる固有のIDです。これは、ライブラリのスクリプトやGoogle Apps Scriptのアップデートなどによって変更される可能性があります。

`@library_key`に掲載されているスクリプトIDを入力して**図9-8-3**の「検索」を押してもうまく認識しない場合は、開いたスクリプトのアドレスバーからIDを取り出せます。

アドレスはだいたい以下のような形になっています。

```
https://script.google.com/…略…/projects/……ID……/edit
```

この「……ID……」の部分がスクリプトIDです（ランダムな長い英数字になっています）。これをコピーして利用しましょう。

Parser - プロジェクト編集者 - Apps
script.google.com/u/2/home/projects/1Mc8BthYthXx6Colz90-JiSzSafVnT6U3t0z_W3hLTAX5ek4w0G_ElrNw/edit
Apps Script
Parser

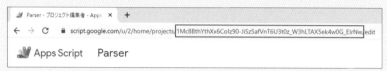

図9-8-4　アドレスバーのIDをコピーする

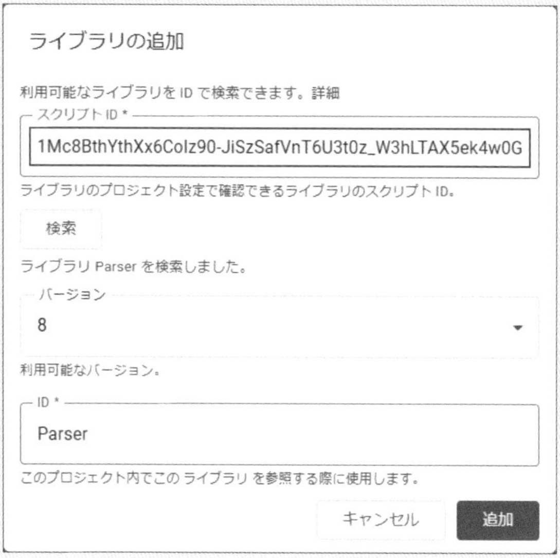

ライブラリの追加
利用可能なライブラリを ID で検索できます。詳細
スクリプト ID *
1Mc8BthYthXx6Colz90-JiSzSafVnT6U3t0z_W3hLTAX5ek4w0G
ライブラリのプロジェクト設定で確認できるライブラリのスクリプト ID。
検索
ライブラリ Parser を検索しました。
バージョン
8
利用可能なバージョン。
ID *
Parser
このプロジェクト内でこの ライブラリ を参照する際に使用します。
キャンセル
追加

図9-8-5　アドレスバーのIDで検索する

09 Bingの検索結果から リンクを取り出す

実際の利用例として、検索サービス「Bing」を使って検索したリンクをシートに書き出すマクロを作ってみましょう。Bingは、アクセスするURLに検索テキストを指定するだけで検索結果のページにアクセスできます。

```
https://www.bing.com/search?q=テキスト
```

このようにURLを指定すればいいのです。こうして指定のURLから結果を受け取り、そのHTMLソースコードの中から検索されたサイトのリンク情報を取り出して表示しよう、というわけです。

では以下のGetHTML関数をいつものようにスクリプトエディタに書きましょう。ライブラリを追加した場合も、いつもと同じように「コード.gs」に書いていきます。

リスト9-9-1

```
01 function GetHtml() {
02   const ui = SpreadsheetApp.getUi();
03   const res = ui.prompt('検索テキストを入力:');
04   const wd = res.getResponseText();
05   if (wd == ""){ return; }
06   const url = "https://www.bing.com/search?q=" + wd;
07   const response = UrlFetchApp.fetch(url);
08   const re = response.getContentText();
09   const links = Parser.data(re).from('<a href="').to('"'). →
       iterate(); ·····························1
10   const result = [];
11   for(var i in links) {
12     var link = links[i];
13     if (link.startsWith("http")) {
14       result.push([link]);
15     }
16   }
17   const sheet = SpreadsheetApp.getActiveSheet();
18   sheet.getRange(1, 1, result.length).setValues(result);
19 };
```

そしてスプレッドシート側からマクロとしてGetHtmlを登録し実行しましょう。なお、これも実行時には「認証が必要」とアラートが現れます。すでに何度もやったように、ユーザーのアクセスを許可してください。

マクロを実行すると、検索テキストを尋ねてきます。ここでテキストを入力しOKすると、Bingにアクセスし、入力したテキストの検索結果を取得して、そこからリンクのURLだけを取り出してシートに書き出します（図9-9-1）。意外と簡単にHTMLのデータも扱えるようになりますね。

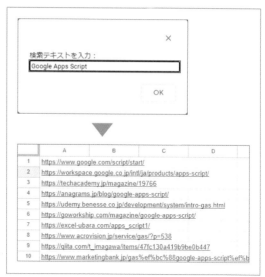

図9-9-1　実行すると、検索テキストを尋ねてくる。これを入力するとリンクが書き出される

　ここで行われていることをもう少し説明しておきます。マクロ実行後に表示されるダイアログに入力された「Google Apps Script」という文字列で、以下のURLにアクセスしています。なお、URLに含まれている「%20」というのは、スペースをURLにエンコードしたものです。

https://www.bing.com/search?q=Google%20Apps%20Script

このURLにアクセスすると図9-9-2のような画面が表示されます。複数の検索結果が表示されていますね。今回のスクリプトでは、この検索結果から、リンクのURLだけを取り出して、シートに書き出しているのです。

図9-9-2　ブラウザで直接上記URLにアクセスした場合の画面

Parserライブラリの使い方

では、Parserライブラリの使い方を説明しましょう。このライブラリは、取得したHTMLから、指定した箇所のデータを抜き出すことができます。

使い方としては、用意されているいくつものメソッドを連続して呼び出して使います。基本的な使い方を整理すると以下のようになります。

【書式】Parserライブラリので指定のデータを抜き出す

```
Parser.data(テキスト).from(開始テキスト).to(終了テキスト).iterate();
```

メソッド	用途
data(テキスト)	引数にHTMLのソースコードとなるテキストを指定します
from(開始テキスト)	抜き出す内容の開始部分となるテキストを指定します
to(終了テキスト)	抜き出す内容の終了部分となるテキストを指定します
iterate()	抜き出されたデータを配列にまとめて返します

Parserは、まず最初にdataでHTMLのソースコードを設定します。そして、fromとtoで検索する内容の開始と終了のテキストを指定します。例えば、■ではこんな具合に指定をしていますね。

```
from('<a href="').to('"')
```

これはつまり、「<a href="」から、「"」までを抜き出す、という意味です。通常Webページのリンクは、「<a href="」から「"」の間の部分に書かれていますから、リンクだけを取り出しているのですね。

```
<a href="…抜き出す部分…"
```

わかりますか? この「…抜き出す部分…」のところが、Parserのライブラリによって取り出されるテキストになるわけですね。こんな具合に、抜き出したいテキストの最初と最後を指定するだけで、その間の部分を取り出せるのです。HTMLのソースコードは、だいたい<○○ ……>といった形のタグで書かれていますから、最初と最後のテキストを指定すれば大抵のテキスト部分は取り出せます。

これで、JSON、XML、HTMLといったデータを取得して利用することができるようになりました!

Chapter 10

Webサイトで
スプレッドシートを活用しよう

この章のポイント
- Google サイトでスプレッドシートを公開しよう
- Google Apps Script で Web サイトを作ろう
- スプレッドシート外からデータを利用する基本を
  理解しよう

01 Googleサイトを活用しよう

　ここまで、Google スプレッドシートを使ってさまざまなデータを整理し分析することを行ってきました。個人で利用するならば、ここまでの知識で十分役に立つでしょう。が、一般に公開可能なデータを扱っている場合は、例えば分析した結果などを公開して広く利用してもらいたい、と思うこともあるはずです。こうした「データの公開」について考えてみることにしましょう。

　データを一般公開するというとき、普通に考えれば「Web サイトを用意して、そこでデータを掲載する」というのがもっとも一般的なやり方になるでしょう。しかし、スプレッドシートのデータを Web サイトに掲載するのはなかなか大変そうです。データをどうやって Web ページの形にまとめればいいのか、考えてしまうかもしれません。自分で一から HTML のソースコードを書けるならいいでしょうが、「Webの作成についてそこまで深く知らない」という人は困ってしまいます。
　そうした人でも簡単にスプレッドシートのデータを公開する方法があります。それは、「Google サイト」を利用するのです。Google サイトは、Google が提供する Web サイト作成サービスです。以下のアドレスにアクセスしましょう。

https://sites.google.com

図 10-1-1　Google サイトのトップページ

トップページでは、「新しいサイトを作成」というところに「空白」「イベント」……といった項目が並んでいます。これらは、Webサイトのテンプレートです。ここから作成したいサイトに近いものを選んでWebサイトを作成できるようになっています。

　では、「空白」という項目をクリックしてください。これが、もっともシンプルなWebサイトになります。

図 10-1-2 　「空白」をクリックする

図 10-1-3 　表示された Web サイト

「空白」をクリックすると、新しいWebサイトが準備され、そのトップページの編集画面が現れます。Googleサイトは、この編集画面でWebページを編集し、そのまま公開することができます。作成から公開までこの画面内でシームレスに作業できるため、Web開発に慣れていない人でも比較的簡単にWebサイトを作れるでしょう。

画面では、中央に大きく「ページのタイトル」と表示があり、その下に空白のページが広がっています。このエリアが、Webページの表示部分になります。ここにさまざまな部品を追加していくことでWebページを作成します。

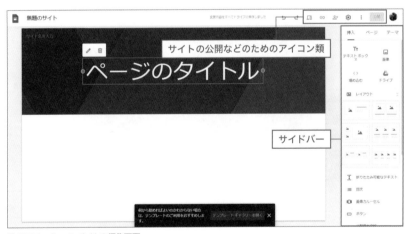

図 10-2-1　Google サイトの編集画面

画面の右側にはサイドバーのような表示がありますね。上部には「挿入」「ページ」「テーマ」といったリンクが並んでいます。ここでWebページの設定などを行います。デフォルトでは「挿入」が選択されていますが、これはWebページに部品を配置してデザインするためのものです。その下には、Webページで使えるさまざまな部品が並んでいるのが見えるでしょう。ここから、使いたい部品をWebページのエリアにドラッグ&ドロップして配置していきます。

最上部には、サイトの公開や表示するプラットフォームの選択などのためのアイコン類が並んでいます。これらは、実際にサイトを作って公開する際に利用することになるでしょう。

まずは、Webページのタイトルを設定しておきましょう。

　最上部にある「無題のサイト」というところをクリックし、「サンプルサイト」と書き換えてください。これがサイトのファイル名になります。

　そして、その下の「ページのタイトル」という部分をクリックし、「サンプルデータ」と書き換えておきましょう。

　なお、変更は自動的に保存されるので、特に保存のための操作をする必要はありません。

図 10-2-2　ファイル名とタイトルを変更する

03 スプレッドシートを そのまま埋め込む

　では、Googleサイトでスプレッドシートを公開してみましょう。これにはいくつかのやり方があります。もっとも簡単なのは、スプレッドシートをそのままGoogleサイトのページに埋め込むことです。

　右側のサイドバーから「スプレッドシート」という項目を探してクリックしてください。すると、作成したGoogleスプレッドシートのファイルが一覧表示されます。この中から表示したいものを選択し、下部の「INSERT」をクリックします。

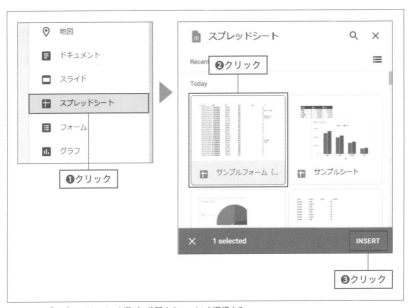

図10-3-1 　「スプレッドシート」を選び、公開するファイルを選択する

　選択したスプレッドシートがWebページに部品として挿入されます。配置された部品は、中央をドラッグして移動したり、周辺の線と●部分をドラッグして大きさを変更したりできます。適当な大きさに調整しておきましょう。

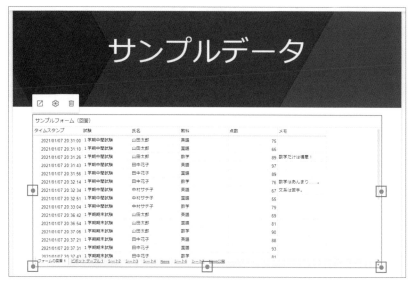

図 10-3-2　配置されたスプレッドシート。位置や大きさを変更できる

プレビューで確認！

　配置ができたら、実際にどのように表示されるのか確認しましょう。画面右上にいくつかのアイコンが並んで表示されていますが、その中の「プレビュー」アイコン 🖵 をクリックしてください。表示が変わり、このページが公開されたときの表示を確認できます。

図 10-3-3　プレビューアイコンをクリック

　図10-3-4のようにプレビュー画面の右下には黒いバーのようなものが表示されており、ここにあるアイコンをクリックしてスマートフォンやタブレット、PCでの表示を切り替えることができます。また、バーの右端にある「×」をクリックするとプレビューを終了します。

図 10-3-4　右下の「×」でプレビューを終了する

表示を切り替える

プレビューを終了する

　実際に確認してみるとわかりますが、この「スプレッドシート」の部品は、スプレッドシートをそのままはめ込んで表示するだけのものです。従って、多数のシートがある場合は、下にあるリンクで切り替え表示できますし、スクロールバーで表示位置をスクロールして見ることもできます。

　これはこれで便利ですが、「全部見えてしまう」というのは困る、という場合も多いでしょう。上部にはスプレッドシート名が必ず表示されますし、表示するシートを選択することもできません。埋め込んだ状態のまま何も変更せず使うしかないのです。表示やスタイルをアレンジすることはできません。

　スプレッドシートにある特定のシートだけを公開して表示したい、というような場合は、この「スプレッドシート」部品は使えないのです。これは、あくまで「全部公開したい」という人のためのものです。

では、特定のシートだけを公開することはできないのでしょうか。これは、でき
ます。ただし、Googleサイトにはそのための部品はありません。

特定のシートだけを表示したいときは、Googleスプレッドシートでシートを公開
し、それをGoogleサイトで埋め込みます。まず、Googleスプレッドシートでシー
トを公開しましょう。公開したいシートを開き、「ファイル」メニューから「ウェブ
に公開」を選んでください。

画面に公開するシートと公開する方法を選択するパネルが現れます。ここで左の
プルダウンリストで公開するシートを選択し、右のプルダウンリストで「ウェブペー
ジ」を選んで「公開」ボタンをクリックしてください。

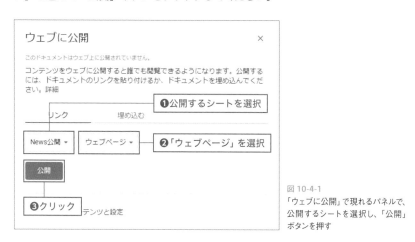

図10-4-1
「ウェブに公開」で現れるパネルで、
公開するシートを選択し、「公開」
ボタンを押す

シートが公開され、公開URLがパネルに表示されます。これをコピーしてくださ
い。このURLにアクセスするとシートが表示されるようになります。

図10-4-2
公開されたURLをコピーする

💡 シートを埋め込む

　続いて、Googleサイトに戻って作業をします。先ほど画面に追加したスプレッドシートの部品は、選択して［Delete］あるいは［Backspace］キーを押して削除しておきましょう。

　そして、右側のサイドバーから「埋め込む」というアイコンをクリックしてください。画面にパネルが現れるので、そこにある入力フィールドに先ほどコピーしたURLをペーストしてください。

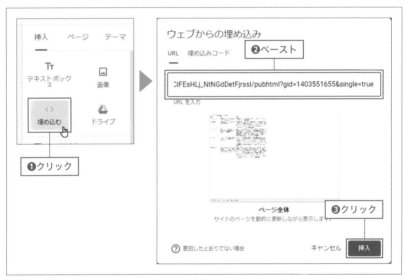

図10-4-3　「埋め込む」アイコンをクリックし、コピーしたURLをペーストする

　「挿入」ボタンを押すと、公開したシートが部品として追加されます。これは、公開したシートだけが表示され、他のシートなどは一切表示されません。

　これなら余計なデータなどを見られることもなく安心ですね！

図10-4-4　埋め込んだシート。公開したシートだけが表示される

05 グラフを公開する

　生のデータをそのまま公開することは、実はそれほど多くはないかもしれません。それよりも、データを元に作成されたグラフなどを利用することのほうが多いでしょう。

　グラフの表示も、Googleサイトから簡単に行えます。サイドバーの一番下に「グラフ」という項目がありますので、これをクリックしてください。スプレッドシートの一覧が表示されるので、そこから利用するものを選択し「INSERT」ボタンを押します。すると、そのスプレッドシートにあるグラフがパネルに一覧表示されます。ここから、挿入したいグラフを選んで「追加」を選びます。

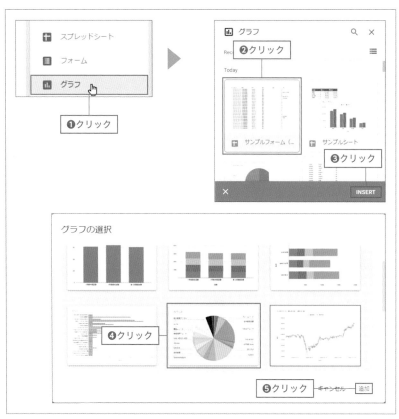

図10-5-1　「グラフ」を選択し、スプレッドシートとそこにあるグラフを選択する

これで、選択したグラフがWebページに挿入されます。後は、位置や大きさを調整するだけです。埋め込まれたグラフは、元のスプレッドシートのデータなどが更新されグラフが変更されると、自動的に最新の状態に表示がアップデートされます。Webサイト側で表示などを操作する必要は全くありません。ただスプレッドシート側でグラフに設定されているデータだけ更新すればいいのです。

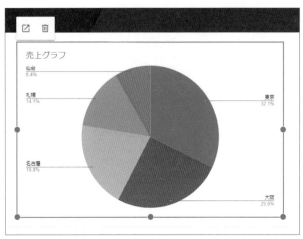

図 10-5-2　埋め込まれたグラフ

06 Webサイトを公開しよう

　ページが用意できたら、Webサイトを公開しましょう。画面右上の「公開」ボタンをクリックしてください。公開の設定を行うパネルが現れます。ここで「ウェブアドレス」というところに、割り当てるアドレスを自分で決めて入力します。公開されるアドレスは、以下のようになります。

https://sites.google.com/view/ウェブアドレス

　sites.google.com/view/の後に「ウェブアドレス」で入力したアドレスが追加されます。なお、Google Workspace利用の場合は、/view/の代わりにそれぞれのアカウントが所属するドメイン名が入ります。

　Googleサイトで作られるサイトはすべてsites.google.comのドメイン下で公開されるため、ウェブアドレスはそれまで使用されていないものにする必要があります。すでに使われているアドレスをつけようとすると「この名前はすでに使用されています」と表示され、公開できなくなります。自分だけのアドレスを考えましょう。

図 10-6-1　「公開」ボタンを押し、割り当てるアドレスを入力する

公開したら、実際に割り当てられたアドレスにアクセスしてみてください。作成したWebサイトのページが表示されます。埋め込んだシートやグラフも正常に表示されることを確認しましょう。

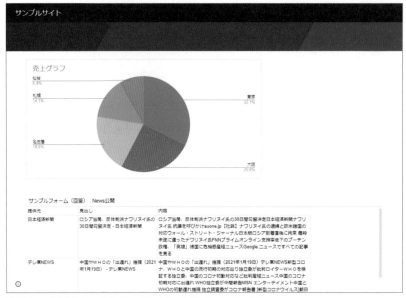

図 10-6-2　公開された Web サイト。グラフやシートも問題なく表示される

07 Google Apps Scriptで Webサイトを作る

　Googleサイトを利用したWebサイトは、Googleスプレッドシートなど Google が提供するサービスのデータを簡単に埋め込んで表示することができるのが特徴です。ただし、Googleサイトは、すでに用意されているデータをWebにまとめるようなときには威力を発揮しますが、それ以上に細かな表示の制御は行えません。HTMLのソースコードを細かく記述して表示を作るようなやり方は考えていないのです。

　実をいえば、Google Apps Scriptを使えば、Webサイトも作れるのです。Google Apps Scriptには、スクリプトをWebアプリケーションとしてデプロイ（公開）する機能が用意されています。これを利用すれば、Google Apps Scriptでサーバー側の処理を行う本格的なWebアプリも作れるんですよ！

　ただし、Google Apps ScriptによるWebサイトの開発には、Google Apps ScriptとWebに関する知識が必要です。ここでは、「どうやってスクリプトでWebサイトを作るのか」という、その初歩の部分だけを体験してみることにしましょう。

💡 Google Apps Scriptのサイトに移動する

　Webサイトを作るには、Google Apps Scriptの新しいプロジェクトを用意する必要があります。スクリプトエディタはまだ開いていますか？　では、その左上に表示されている「Apps Script」のアイコンをクリックしてください。Google Apps Scriptのサイトに移動します。

　ここでは、作成したGoogle Apps Scriptのプロジェクトファイルが一覧表示され、いつでも開いて編集することができます。

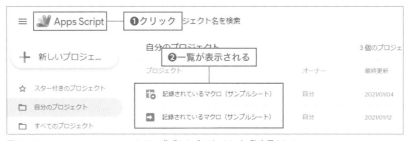

図 10-7-1　Google Apps Script のサイト。作成したプロジェクトが一覧表示される

Chapter 10

💡 新しいプロジェクトを作ろう

ここで、左上あたりに見える「新しいプロジェクト」というボタンをクリックすれば、その場で新しいプロジェクトが開かれます。

スクリプトエディタでプロジェクトが開かれたら、上部の「無題のプロジェクト」というプロジェクト名の部分をクリックして名前をつけておきましょう。ここでは「サンプルWeb」としておきました。

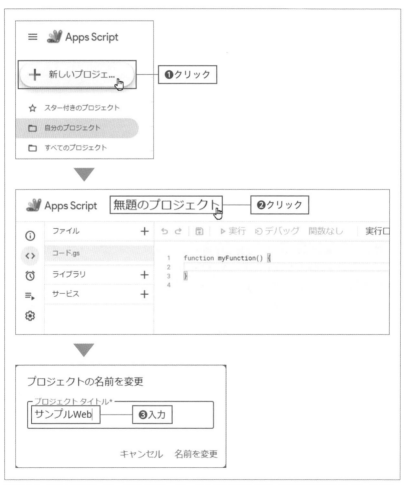

図 10-7-2 「新しいプロジェクト」ボタンをクリックし、現れたスクリプトエディタで「無題のプロジェクト」をクリックして名前をつける

08 HTMLファイルを作成しよう

では、Webで表示するHTMLファイルを用意しましょう。スクリプトエディタの「ファイル」という表示の右側にある「＋」をクリックしてください。メニューが現れるので、「HTML」を選んでください。新しくファイルが作成されるので「index」と入力してください。これで、index.htmlというファイルが作成されます。

このファイルを開いて、以下のように**リスト10-8-1**を記述しましょう。

図10-8-1　新しいHTMLファイルを作成し、indexと名付ける

リスト10-8-1 (index.html)

```
01  <!DOCTYPE html>
02  <html>
03    <head>
04      <base target="_top">
05      </head>
06    <body>
07      <h1>Sample Web</h1>
08      <p><?=new Date() ?></p>
09    </body>
10  </html>
```

デフォルトで基本的なコードは書かれていますから、<body>部分の2行を追記するだけで済むでしょう（**1**）。

これは、ごく簡単なHTMLのソースコードです。ごく簡単なものですが、中に1つだけ、見たことのない記述がありますね。この部分です。

```
<p><?=new Date() ?></p>
```

＜?= と ?＞の間に`new Date()`と書かれていますね。これは、JavaScriptの文です。この＜?= ?＞は、JavaScriptの文を実行し、その結果を表示する働きがあります。Google Apps Scriptでは、このようにHTMLの中にJavaScriptを書き込んでおけるのです。ここでは現在の日時と時刻を取得するJavaScriptを書きました。

　ただし、この＜?= ?＞は、「結果を表示する」というためのものなので、何行にも渡る長い文を書いたりすることはできません。書けるのは「値を返す一文」のみです。簡単な式ぐらいは書けますが、構文を使った複雑な文などは使えません。

　この＜?= ?＞を見ればわかるように、このindex.htmlはただのHTMLファイルではありません。これは「HTMLテンプレート」と呼ばれるファイルです。HTMLテンプレートでは、HTMLを基本に記述されていますが、その中に特殊なタグを使ってJavaScriptのさまざまな処理を記述できるようになっているのです。

HTMLテンプレートを表示しよう

　では、作成したindex.htmlを表示するスクリプトを作りましょう。これは、割と簡単です。スクリプトファイル（「コード.gs」ファイルの方です）に以下を記述してください。

リスト10-8-2

```
01  function doGet() {
02    var output = HtmlService.createTemplateFromFile('index'); ……1
03    return output.evaluate(); …………………………2
04  }
```

　これで完成です。「doGet」という関数は、実は特別な働きをします。プロジェクトをWebアプリケーションとして公開すると、ユーザーがこのプロジェクトのWebページにアクセスすると自動的に呼び出される関数なのです。

　つまり、このdoGetという関数に、ユーザーがアクセスしたときの処理（たった2行だけ！）を記述しておけば、それだけでWebアプリが作れるのです。

HtmlServiceの使い方

ここでは、「HtmlService」というオブジェクトを使っています。

HtmlServiceは、名前の通りHTMLを利用するためのオブジェクトです。Webアプリの作成は、このオブジェクトを使って行います。

■では、「createTemplateFromFile」というメソッドを使っていますね。これは引数に指定したファイル（ここではindex.html）を読み込んでオブジェクトを返すメソッドです。このオブジェクトの中にある「evaluate」というメソッドを呼び出してreturnで値を戻すと、createTemplateFromFileで読み込んだHTMLのテンプレートを表示させることができます。

なんだか難しそうですが、使い方そのものは簡単です。

1. HtmlService.createTemplateFromFileでHTMLを呼び出す
2. その戻り値から、さらにevaluateを呼び出し、結果をreturnする

この2行を実行すればWebページが表示されます。働きなどよくわからなくてもいいので、「この2行を書けばWebアプリが作れる」ということだけ覚えておきましょう。

09 プロジェクトをデプロイしよう

では、作成したプロジェクトを公開しましょう。Webアプリの開発では、プログラムをサーバーに用意して公開することを「デプロイ」といいます。

これは、スクリプトエディタの上部にある「デプロイ」ボタンを使います。これをクリックし、現れたメニューから「新しいデプロイ」を選んでください。

図 10-9-1
「新しいデプロイ」を選ぶ

画面にパネルが現れます。その「種類の選択」というところの右側に見える歯車アイコンをクリックしてください。メニューが現れるので、「ウェブアプリ」を選びます。

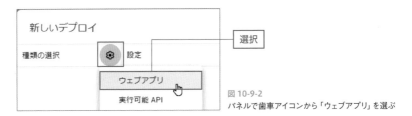

図 10-9-2
パネルで歯車アイコンから「ウェブアプリ」を選ぶ

パネル内にウェブアプリの内容が表示されます。ここで以下の項目について設定を行うようになっています。

項目	ウェブアプリの簡単な説明です
次のユーザーとして実行	スクリプトを実行するアカウントを指定します
アクセスできるユーザー	アクセス可能な範囲を指定します。「自分のみ」にしておけば、実行したアカウントだけが利用でき、他は一切アクセスできなくなります

とりあえず、すべてデフォルトの状態のままで問題ないでしょう。そのまま下部の「デプロイ」ボタンをクリックすると、デプロイが実行され、割り当てられるIDと公開URLがパネルに表示されます。

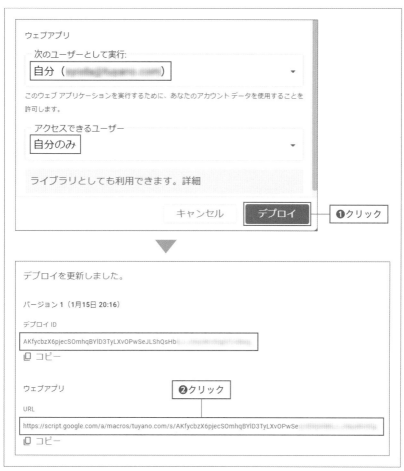

図 10-9-3　ID と公開 URL が表示される

　パネルに表示されたURLのリンクをクリックして開いてみましょう。すると、公開されたWebアプリにアクセスします。現在の日時が表示されるのがわかるでしょう。これは、〈?= ?〉で埋め込まれたスクリプトを表示しています（P.265参照）。JavaScriptの文が実行され、その結果が表示されることがわかります。

図10-9-4　リンクを開いてWebアプリにアクセスする

　この画面では、P.265で登場した**リスト10-8-1**の内容を表示しています。

　「Sample Web」の方は「`<h1>Sample Web</h1>`」を表示しているのはわかりますよね。「`Mon Jan 18…`」の文字列の方は、「`<p><?=new Date() ?></p>`」の表示結果です。「`new Date()`」によってブラウザでこの画面が開かれたときの時刻を取得して表示しています。

なんで米国時間？

　実行すると、現在の日時が表示されますが、おそらく「アメリカ東部標準時」で表示されたのではないでしょうか。これは、Google Apps ScriptのプロジェクトをデプロイしているGoogleのサーバーが米国にあるためです。HTMLテンプレートに埋め込んだJavaScriptの文は、Webブラウザではなく、Google Apps Scriptのサーバー側で実行されます。ですから、サーバーの環境に従った実行結果になるのです。

　この現在日時は、プロジェクトのタイムゾーンを日本に設定することで変更できます。P.222のコラムで説明していますが、プロジェクトの`appsscript.json`にある`"timeZone"`の値を`"Asia/Tokyo"`に変更し、再度デプロイすれば日本標準時間で表示されるようになります。

10 アクセスできるのはだれ？

　P.269では、「新しいデプロイ」の画面にある「アクセスできるユーザー」で「自分のみ」を選んでおきました。従って、Webで公開しても、実際にアクセスして見られるのは自分だけ（正確には、デプロイしたアカウントでログインしている人だけ）です。Webで公開したからといって、誰にでも見られるわけではないのです。

　「デプロイを管理」パネルには、「アクセスできるユーザー」という項目がありました。これは、公開するWebサイトにアクセスできるのはどういう人か指定するためのものです。ここには以下のような項目が用意されています。

「アクセスできるユーザー」の項目	説明
自分のみ	このプロジェクトを作成したGoogleアカウントでログインしている人だけがアクセスできます
○○内の全員	Google Workspaceメンバーの場合に表示されます。自分が所属するドメイン内の人間のみがアクセスできます
Googleアカウントを持つ全員	Googleアカウントでログインしていれば誰でもアクセスできます
全員	Googleアカウントでログインしていない人も含め、すべての人がアクセスできます

　デフォルトでは「自分のみ」が選択されています。
　もし、本当に「誰でも見られるように公開」したい場合は、「アクセスできるユーザー」を「全員」もしくは「Googleアカウントを持つ全員」にしておきましょう（**図10-10-1**）。こうすれば、作成したWebにだれでもアクセスできます。

図 10-10-1 「デプロイを管理」パネルにある「アクセスできるユーザー」にはいくつか選択肢
が用意されている

「このアプリケーションは、Googleではなく、別のユーザーによって作成されたものです」

　作成したWebサイトにアクセスをすると、ページの上部に以下のような表示がされているの
に気づいた人もいることでしょう。Google Apps ScriptのWebサイトを自分もしくは
Google Workspaceメンバー以外の人間がアクセスできるように公開すると、このような表示
が現れます。

　Webサイトは、google.comのドメインで公開されます。このため、「Googleが運営してい
るサイトだ」と勘違いする人も出てくるため、このような注意が表示されるようになっているの
です。

> このアプリケーションは、Google ではなく、別のユーザーによって作成されたものです。
>
> 利用規約

図 10-10-2　一般公開するとこのような表示がされる

スクリプトを埋め込む

　リスト10-8-1で書いたHTMLテンプレートでは、<?= ?>を使って簡単な文を表示していました。では、もっと複雑な処理をHTMLテンプレートに埋め込んで実行したいときはどうするのでしょうか。

　このような場合は、処理を関数として用意し、その関数を埋め込んでおけばいいのです。複雑な処理はすべて関数で行い、その結果だけ<?= ?>で表示させればいいんですね。

　実際に簡単な例を作ってみましょう。まず、index.htmlを修正します。

リスト10-11-1 (index.html)

```
01  <!DOCTYPE html>
02  <html>
03    <head>
04      <base target="_top">
05      </head>
06    <body>
07      <h1>Sample Web</h1>
08      <? const num = 100; ?> ··················· ①
09      <p><?=num ?>までの合計は <?= getTotal(num) ?> です。</p> ··········· ②
10    </body>
11  </html>
```

　ここでは、2種類の特別な役割のタグを使っています。まず<h1>の下に以下のようなタグが書かれていますね (①)。

```
<? const num = 100; ?>
```

　<? ?>というタグです。リスト10-8-1で書いた<?=のようにイコールは付きません。このタグは、中にJavaScriptのスクリプトを書き、それをレンダリング時 (ブラウザで表示される内容を生成するとき) に実行します。<?= ?>のように値を返す必要はありません。

　ここではconst num = 100;というように定数を定義しています。

　この<? ?>では、変数定数の定義だけでなく、複雑なスクリプトの処理まで記述できます。改行を入れて何行ものスクリプトを書いて実行させることもできるのです。

Chapter 10

その後にある2つの〈?= ?〉も見てみましょう。 **2** の部分ですね。

```
<p><?=num ?>までの合計は <?= getTotal(num) ?> です。</p>
```

最初の〈?=num ?〉は、定数numの値を表示するという意味です。では、その後の〈?= getTotal(num) ?〉はなんでしょうか?

これは、JavaScriptのgetTotal関数を呼び出すものです。このgetTotal関数は、これからスクリプトファイルに作成する関数です。このgetTotalを実行した結果をここに表示していたのですね。

getTotal関数を用意する

では、getTotal関数を作成しましょう。スクリプトファイル（「コード.gs」）を開いて、以下を追記しましょう。

リスト10-11-2

```
01  function getTotal(num) {
02    var total = 0;
03    for (var i = 1;i <= num;i++) {
04      total += i;
05    }
06    return total;
07  }
```

この関数では、引数numの値を使い、1からnumまでの合計を計算して結果をreturnしています。P.076で登場した**リスト3-9-1**と似た内容です。このgetTotalをHTMLテンプレートに埋め込んでおけば、定数numまでの合計が表示されるようになる、というわけです。

見ればわかるように、〈?= ?〉で埋め込んでいたgetTotalは、これまでマクロなどで書いていたのと全く同じ、ごく普通の関数です。特別な書き方などはありません。ただ関数を書いておけば、その実行結果を〈?= ?〉で表示できるのですね。

 再デプロイしよう

　では、スクリプトができたらファイルを保存し、再びデプロイをしましょう。Webアプリの開発では、スクリプトを書き換えて保存しても、デプロイされたWebアプリは更新されません。修正したら、再度デプロイすることで更新されるのです。

　では、「デプロイ」ボタンから「新しいデプロイ」メニューを選び、パネルが現れたらそのまま「デプロイ」ボタンを押してデプロイを実行しましょう。そして、Webブラウザからアクセスをしてください（先ほどアクセスした画面のままになっている人は、リロードすれば最新の表示に更新されます）。100までの合計が表示されるようになりました！

図 10-11-1　アクセスすると 100 までの合計が表示される

以上、ごく簡単ですが、「Google Apps ScriptでWebサイトを作る」基本について説明をしました。難しいことは特にやっていませんが、「Google Apps Scriptのさまざまな値や関数などをWebページに埋め込み公開できる」ということはわかったことでしょう。

後は、応用次第でさまざまな情報をWebページの中に表示できるようになります。Googleスプレッドシートのデータなどにアクセスして取り出す関数を用意すれば、それをWebとして表示することもできるようになります。

実際にWebサイトとしてデータを公開できるようになると、スプレッドシートのデータが俄然活きてきます。

これまで、GmailやGoogleカレンダー、そしてネットワーク経由でのJSONやRSSデータなどのデータをスプレッドシートに取り込んできました。実際にさまざまなデータをスプレッドシートに保管しても、「これ、一体なんの役に立つんだろう」と内心思っていた人もいたことでしょう。

が、それらのデータを自由に取り出してアレンジしWebにまとめられるようになると、保管したデータが大切な資源としての価値を持つことに気がつくはずです。

スプレッドシートは、仕事で使うデータを書いて表やグラフを作るだけのものではありません。そこに蓄えられたデータは、使い方次第でさまざまな用途に利用できます。スプレッドシートとWebサイトの組み合わせは、そうして集めたデータを活用するもっとも基本となるものといえるでしょう。

また、仕事のデータや、メールやスケジュールといった個人的なデータなどでも、必要なデータだけをピックアップし加工して自分だけアクセスできるようにして公開すれば、Webブラウザからいつでも必要な情報にアクセスできるようになります。

保管されたデータをどのように活用できるのか。そのことを考え実現するためのツール、それこそがスプレッドシートなのです。

INDEX

著者プロフィール

掌田 津耶乃 (しょうだ つやの)

日本初のMac専門月刊誌『Mac+』の頃から主にMac系雑誌に寄稿する。ハイパーカードの登場により「ビギナーのためのプログラミング」に開眼。以後、Mac、Windows、Web、Android、iOSとあらゆるプラットフォームのプログラミングビギナーに向けた書籍を執筆し続ける。

- 近著：『Go言語 ハンズオン』『React.js&Next.js超入門 第2版』『Vue.js3超入門』『Unity C# ゲームプログラミング入門 2020対応』『Android Jetpackプログラミング』(以上秀和システム)、『Electronではじめるデスクトップアプリケーション開発』(ラトルズ)、『ブラウザだけで学べる シゴトで役立つやさしいPython入門』(マイナビ出版)など。
- 著書一覧：https://www.amazon.co.jp/-/e/B004L5AED8/
- ご意見・ご感想：syoda@tuyano.com

STAFF

ブックデザイン	三宮 暁子 (Highcolor)
DTP	AP_Planning
編集	伊佐 知子

ブラウザだけで学べる
Googleスプレッドシート プログラミング入門

2021年　5月20日　初版第1刷発行
2024年　4月　1日　　　第7刷発行

著者	掌田 津耶乃
発行者	角竹 輝紀
発行所	株式会社マイナビ出版
	〒101-0003　東京都千代田区一ツ橋2-6-3 一ツ橋ビル 2F
	TEL：0480-38-6872 (注文専用ダイヤル)
	TEL：03-3556-2731 (販売)
	TEL：03-3556-2736 (編集)
	E-Mail：pc-books@mynavi.jp
	URL：https://book.mynavi.jp
印刷・製本	シナノ印刷株式会社